探索未知丛书

新闻出版总署向全国少年儿童推荐的百种优秀图书

海科普图书创作出版专项资助
海市优秀科普作品

绿色能源

张 辉 编写

少年儿童出版社

序

　　"探索未知"丛书是一套可供广大青少年增长科技知识的课外读物，也可作为中、小学教师进行科技教育的参考书。它包括《星际探秘》《海洋开发》《纳米世界》《通信奇迹》《塑造生命》《奇幻环保》《绿色能源》《地球的震颤》《昆虫与仿生》和《中国的飞天》共10本。

　　本丛书的出版是为了配合学校素质教育，提高青少年的科学素质与思想素质，培养创新人才。全书内容新颖，通俗易懂，图文并茂；反映了中国和世界有关科技的发展现状、对社会的影响以及未来发展趋势；在传播科学知识中，贯穿着爱国主义和科学精神、科学思想、科学方法的教育。每册书的"知识链接"中，有名词解释、发明者的故事、重要科技成果创新过程、有关资料或数据等。每册书后还附有测试题，供学生思考和练习所用。

　　本丛书由上海市老科学技术工作者协会编写。作者均是学有专长、资深的老专家，又是上海市老科协科普讲师团的优秀讲师。据2011年底统计，该讲师团成立15年来已深入学校等基层宣讲一万多次，听众达几百万人次，受到社会认可。本丛书汇集了宣讲内容中的精华，作者针对青少年的特点和要求，把各自的讲稿再行整理，反复修改补充，内容力求新颖、通俗、生动，表达了老科技工作者对青少年的殷切期望。本丛书还得到了上海科普图书创作出版专项资金的资助。

上海市老科学技术工作者协会

编委会

主 编：

贾文焕

副主编：

戴元超　刘海涛

执行主编：

吴玖仪

编委会成员：（以姓氏笔画为序）

王明忠　马国荣　刘少华　刘允良　许祖馨

李必光　陈小钰　周坚白　周名亮　陈国虞

林俊炯　张祥根　张 辉　顾震年

目　录

引 言

　　能源，是自然界中为人类提供热、光和动力等能量的物质资源。人类的一切活动都离不开能源。20 世纪以来，人类的主要能源——煤、石油等化石燃料逐渐耗尽，面临枯竭。这些化石燃料燃烧后排放出大量有毒、有害物质，对环境造成了严重的污染。因此，人类强烈希望能找到清洁、可再生的绿色能源。

一、人类发展离不开能源

火的故事

从古到今，中外各国都有许多有关火的故事和传说。在西方，最著名的是普罗米修斯盗火的希腊神话。神话中说，普罗米修斯是人类的老师。凡是对人类有用的，能够使人类满意和幸福的，他都教给大家，因此触犯了最高的天神宙斯。宙斯拒绝给予人类完成文明所需的最后物质——火。聪明的普罗米修斯想了一个办法：用一根长长的树枝，在宙斯的太阳车经过时偷到了火种，

普罗米修斯盗火

钻木取火

并带给人类。因此，普罗米修斯也被称作盗火者。

在我们中国，传说最早教会人类用火的是燧人氏（与伏羲氏、神农氏并称为"三皇"）。居住在山林中的燧人氏经常捕食野兽。击打野兽的石块与山石相碰时常常溅起火花。受到启发，燧人氏就以石击石，用产生的火花引燃树枝，生出火来。后来，燧人氏又发明了钻木取火。

考古研究发现，人类是在 80 万～100 万年前（旧石器时代）开始用火的。人们起初用的是因雷电、火山和植物自燃引起的自然火，随后渐渐懂得保留火种，再后来才发明了击打燧石取火和钻木取火的方法。

对火的认识和使用，是人类历史上第一个伟大的化学发现。它增长了人类与自然作斗争的本领，也改造了人类自身。

火，可以御寒，可以驱赶野兽，可以烧荒种植，可以使食物变熟，使人类能够吸收更多的营养，促进人体特别是大脑的发育。人类在用火

知识链接

石器时代

石器时代是考古学对早期人类历史分期中的第一个时代，即从人类出现起到铜器的出现为止。其具体时间大约从 200 万年前到 6000 年前。这一时代是人类从猿人逐步进化为现代人的时期。石器时代又被分为旧石器时代和新石器时代。新石器时代大致始于 18 000 年前。此时，人类开始使用磨制的石器。新石器时代之后是青铜器时代和铁器时代。

的过程中，还改进了工具器物的制作。大约 10 000 年前，人类发明了烧制陶器，接着又发明了青铜和铁的冶炼。这些都得益于火。陶、铜、铁等器具的出现促进了农耕、手工业甚至商贸，也促进了文化的发展。人类社会也由此从原始氏族社会进入到封建社会。

从薪炭到化石燃料

人类最早使用的能源是薪炭以及一些动植物的油脂。后来，人们陆续发现了煤、石油、天然气等化石燃料。

化石燃料都源于亿万年前的生物。古代的植物死亡后堆积在一起，变为腐泥。腐泥随着地层的陷落而深埋地下，经过几千万年甚至几亿年，发生复杂的物理化学变化，成为煤。石油是由古代海洋生物的遗骸形成的，天然气则是由沉积的有机质或油、煤和油页岩，经微生物降解和热解作用形成的。因为煤、石油和天然气等燃料的生成年代和成因与动植物的化石有些类似，所以人们把它们统称为化石燃料。

那么，地球上什么地方的人类最早开始使用化石燃料，他们用的又是哪种化石燃料？这个问题比较难考证。科学家普遍认为，地下的煤因地层变动而在地表露头，很容易被人们发现。因此，煤可能是人类最早应用的化石燃料。

煤炭，中国古代称石炭、乌薪、黑金、燃石等。最早记载煤的名称和产地的著作是战国时期的《山海经》。从文献记载和考古发掘来看，中国人在汉代就开始烧煤了。《汉书·地理志》说："豫章郡出石，可燃为薪。"说明当时煤已用于江西南昌附近人民的日常生活中。到了魏晋时期，中国人已经学会用煤炼铁。这是冶炼技术上的重大进步，因为煤比木炭的火力强而持久，可以得到更高的温度。

欧洲用煤的历史比中国晚得多。元朝时期，意大利人马可·波罗在

宋应星所著
《天工开物》中的火井图

游历中国后，写了《马可·波罗游记》。书中描写中国有一种黑石头，像木柴一样能够燃烧，火力比木柴还强。这种黑石头指的可能就是煤。在英国，最早是把煤作为装饰品。罗马人入侵英国后，用煤烧火，才带动了英国的用煤。

对天然气最早的记述，是中国周代的《易经》。书中有"上火下泽"、"泽中有火"等记载，说的就是天然气在地表湖沼水面上燃烧逸出气苗。世界上最早开发天然气的国家也是中国。在2000多年前的秦汉时期，四川邛崃人民就在钻井盐的过程中，发现了天然气。公元前61年，在邛崃县30千米外的火井乡开凿出了第一批用来熬煮井盐的天然气井。明朝宋应星在著名的《天工开物》一书中，对火井煮盐作了

以煤为燃料的发电厂

详细的记述。在欧洲，英国是最早使用天然气的国家，时间大约为公元 668 年，比中国晚了 1000 多年。

大约 2000 年前，在中国的西北地区，人们就知道从水面收集漂浮的石油，用来点灯。但用钻井的方法采油，则始于 19 世纪中叶的美国。

化石燃料的功劳

我们的生活、工作都离不开电，而发电的主要燃料是煤炭。中国约 1/3 以上的煤用来发电。此外，煤还是蒸汽锅炉的动力来源以及金属冶炼的燃料和化工生产的原料。

20 世纪 50 年代以来，石油已经逐步替代煤成为世界第一大能源。石油还可以加工成各种成品油，如汽油、柴油、航油、燃料油、润滑油等。同时，石油还是医药、化工产品的重要基础原料。有机化工的 8 种基本原料中的 7 种来自于石油，其中的乙烯与钢铁、水泥并称为三大工业基础材料。此外，石油还对农业生产起着至关重要的作用，化肥、农药、农机等都离不开石油。可以说，石油与我们的衣食住行息息相关。难怪人们把它称作"黑色的金子"。

随着生产的发展，人类对化石燃料的需求越来越大。据统计，全球每年燃烧化石燃料产生的能源输出，已从 18 世纪中叶几乎为零的水平，增长到本世纪初的 3.5 万亿亿焦耳。仅仅在 20 世纪的 100 年时间里，人类消耗掉的石油和煤炭就超过了以前 19 个世纪的总和。科学家预测，人类在过去 2000 年消耗掉的能源，还不够 21 世纪用上 50 年。

二、未来的能源是绿色的

化石燃料是不能再生的，用掉一点少一点。世界愈进步，对能源的需求和依赖也愈大，人类在享受着化石燃料的恩赐时，危机也悄悄地来临。能源问题成了人类发展的瓶颈。

化石燃料的危机

从总量上看，中国的化石燃料储藏比较丰富，称得上地大物博。但中国不仅地大物博，同时还人口众多。中国煤炭探明储量按人均计算只相当世界平均水平的64%，油和气就更少了，只有世界平均水平的7%左右。随着中国经济的迅速发展，能源消耗也迅速增长，化石燃料的供给已经捉襟见肘了。

同时，中国万元GDP的能源消耗水平比许多发达国家要高得多，是世界平均水平的3倍。2006年，这一数值虽然比2005年下降了1.33%，但全国单位GDP能耗仍达1.206吨标准煤／万元，除个别地区外，大部分都没有达到"十一五"规划中要求下降4%的标准。

煤炭和石油等化石燃料的使用，还产生了大量的二氧化碳、氮氧化物、二氧化硫和可吸入颗粒等污染物，引发了酸雨和温室效应，造成了严重的环境污染。

1952年12月5日至8日，英国伦敦上空烟雾弥漫，煤烟尘经久不散。从烟雾发生的第三、第四天起，有居民开始出现咳嗽、喉咙痛、胸闷、头痛、呼吸困难、眼睛刺激等症状。短短4天中，死亡人数较常年同期多4000人。这就是震惊一时的伦敦烟雾事件。从此，伦敦被称作"雾都"。经过治理，近一二十年伦敦的空气有所改善，但问题还未彻底解决。

迷雾中的伦敦

化石燃料的使用导致了很多环境问题

中国的空气污染也非常严重。国际环境研究机构布莱克史密斯研究所日前公布一份报告，罗列了世界上污染最严重的 10 个城市。中国山西临汾就是其中一个。报告说，由于污染严重，在这些城市里有约 1000 万居民面临肺部感染、癌症和寿命缩短的危险。世界银行在 2006 年公布的空气污染最严重的前 20 个城市，中国占了 13 个。

近几十年来，使用化石燃料导致的另一问题又凸显了出来。因燃烧化石燃料而向大气排放的二氧化碳、甲烷等温室气体使地球气温显著升高。这导致冰川和南北两极的冰盖、冰山消融，海平面上升，一些国家和地区面临被淹的境地。根据科学家观测，上世纪七八十年代以来，世界海平面每年上升约 1.5 ～ 4 毫米，并且还有加速的趋势。首先受到威胁的是南印度洋和南太平洋的一些岛国。例如，由 1192 个岛屿组成的马尔代夫是全世界最"低"的国家，平均海拔只高出海平面 1 米左右，最高处也不过在 3 米以内。有科学家预言，不到 100 年，马尔代夫也许就会消失在大洋中。事实上，任何靠近海洋的城市或地区，比如威尼斯、里约热内卢、纽约、埃及的尼罗河三角洲、孟加拉国的恒河流域和中国东南沿海的一些低洼地区也面临同样的威胁。

全球节能减排

虽然煤、石油等化石燃料紧缺，并且在使用中会对环境造成严重污染，但目前人们生活、生产仍然离不开它们。因此，节能减排就成了当前世界各国缓解这个问题的首要措施。节能本身就意味着减排。一般，少烧一吨标准煤，就可减少排放二氧化碳 2.6 吨、二氧化硫 8.5 千克、氮氧化物 7.4 千克。

中国的"十一五"规划中将能源效率列为重中之重。按照规划，"十一五"期间中国单位 GDP 能耗要降低 20％左右，主要污染物排放总量要减少 10%。加强节能减排，是落实科学发展观、构建社会主义和谐社会、维护中华民族长远利益的重大举措。

那么，我们将从哪几个方面采取措施，实施节能减排呢？

科技进步是关键

人们发现，在不同的条件下，使用化石燃料的效果会有很大的出入。节约使用能源的方法很多，首要的关键就是运用各种新科技。世界各国都在通过科学技术、工艺和设备的发明、改进来推动节能减排。例如，减少污染和提高效率的洁净煤技术就是主导技术之一。美国有一套洁净煤技术示范计划，其先进的发电系统能使温室气体的排放减少 20% 以上，同时能大大减少二氧化硫、氮氧化合物和悬浮颗粒物的排放。电厂排放的二氧化硫和炉渣等废物经过二次加工，又可转化成建材和石膏板等副产品。

工业、交通、建筑节能

工业、交通和建筑是能耗大户。对于这方面的节能，除了依靠先进的技术外，世界各国还采取加强节能降耗管理、推进循环经济发展、强化污染防治、健全法规和标准、完善配套政策等措施。比如，英国政府聘请了咨询公司，对主要部门的能源使用状况及节能潜力等进行详细评估和定量分析，再根据分析结果制订节能降耗目标，然后将这一目标落实到各个工业部门。在美国加州，电力公司帮助企业做能源审计，推动企业省电，加州政府则通过其他途径帮助电力公司获利。中国工业的节能减排则采取了"上大压小"等措施。

交通车辆的减排也很重要。汽车排放的尾气中，一氧化碳、碳氢化合物和氮氧化物都会严重污染大气，危害人类健康。因此，大力推广节能环保车，发展公共交通是交通节能减排的重要措施。比如，美国对节能环保型车有财政补助，政府还鼓励汽车企业制造百千米油耗3升的汽车。

11

知识链接

中国发电行业的"上大压小"

近二三十年来应生产和生活发展的需要，中国建立了许多发电厂。其中不少是燃煤的小火电。它们煤耗高，污染重。2007年初国务院作出了"上大压小"，即在建设大容量、高参数、低消耗、少排放机组的同时，加快关停小火电机组的重要决策，明确提出了全国"十一五"期间关停5000万千瓦、2007年关停1000万千瓦小火电机组的目标。初步测算，这些小火电机组关停后，一年可节约原煤1450万吨，减排二氧化硫24.7万吨，减排二氧化碳2900万吨。

1998 年，法国举行了首次国际"无车日"活动。2000 年，欧盟环境委员会将其发展成为"欧洲交通周及无车日"活动。2006 年，中国建设部参照国际经验和做法，倡议全国城市在每年 9 月 22 日举办"中国城市公共交通周和无车日"活动，号召城市居民尽可能选用公共交通、自行车、步行等方式出行，减少对小汽车的使用和依赖。

　　建筑节能也是缓解全球能源短缺和改善环境质量的有效途径。例如，2007 年建成的上海南站采用了遮阳屋顶、自然采光等先进技术。其主站墙体外主要采用低反射中空玻璃，有较好的保温隔热效果。主站屋顶为保温性能良好的透光屋面，使直径 278 米屋盖下的大厅，白天几乎不需人工照明，冬天基本不用采暖设备，夏天又能阻挡紫外线和 70% 的热量。

日常生活节能

　　节能减排单单依靠政府和企业是不够的，必须引起全社会的高度重视，动员全社会的力量积极参与。每个人都应从自己做起，从日常生活做起，为节能减排做出自己的贡献。

知识链接

待机能耗不能忽视

　　家电处于待机状态时，电源没有切断，其控制系统仍在用电。据中国节能认证中心调查，中国城市家庭的平均待机能耗，相当于每个家庭每天都在亮着一盏 15 ～ 30 瓦的长明灯。中国家电待机能耗占到家庭电力消耗的 10% 以上。

如果在日常生活中，千家万户都能做到节电、节水、节气，将节约下一大笔能源。以节电为例，每节约1度电，相应可节约大约400克标准煤、4升水，减少排放272克粉尘、997克二氧化碳、30克二氧化硫、15克氮氧化物等污染物。诸如随手关灯、用节能灯替代原来的白炽灯和普通日光灯、电脑等家用电器避免待机状态、选用节能空调和节能冰箱等都可以节电。

然而，解决能源问题，单靠节能减排还不行。要从根本上解决化石能源枯竭和环境污染问题，必须大力发展与生态环境友好相容的、可再生的、清洁的绿色能源，比如太阳能、水能、海洋能、风能、生物质能、核能、地热能等。开发利用各种绿色能源，既不存在资源枯竭问题，又不会对环境造成危害，是实施可持续发展战略的必由之路。

人类呼唤绿色能源，人类赖以生存的环境需要绿色能源，这是人类为自身发展不得不做出的选择。

三、无所不在的太阳能

太阳与太阳能

万物生长靠太阳。太阳还给我们带来温暖和光明，提供了必需的能量。

太阳是一个巨大的火球，它的体积大约是地球的130万倍。组成太阳的物质大多数是气体，其中氢气约占71%，氦气约占27%。太阳从中心向外可分成核心、辐射层、对流层和由光球层、色球层及日冕组成的太阳大气。光球层就是我们平时看到的太阳圆圆的"脸"。紧贴着光球的色球层只有在日全食的时候才能完整地看到。色球层的顶部是高达上百万摄氏度的日冕层。

太阳看起来很平静，但却是一个巨大的核聚变反应堆。这就是太阳能量的源泉。据科学家测算，太阳每秒钟释放相当于910亿颗百万吨级

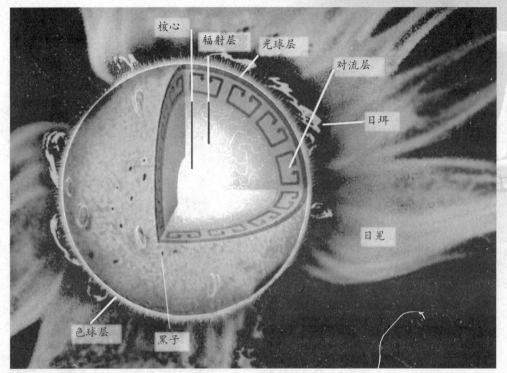

核心　辐射层　光球层　对流层　日珥　日冕　色球层　黑子

太阳的结构

氢弹爆炸放出的能量。

　　太阳是地球能量的主要来源。太阳每秒钟输送给地球的能量，相当于目前地球上每年燃烧化石燃料所获能量的 3.5 万倍。如果太阳以目前的发射效率，至少还能为地球提供 60 亿年能量。难怪人们称太阳能是取之不尽、用之不竭的理想能源。

太阳灶和太阳能热水器

　　目前，人类利用太阳能最常见的方式是太阳灶和太阳能热水器。

　　太阳灶是一种把太阳能收集起来，用于做饭、烧水的灶具。它的"本领"是能把低密度的、分散的太阳能聚集起来。看似不起眼、结构简单且价格便宜的太阳灶，在中国西部地区却发挥着巨大的作用。根据不同地区的自然条件和群众不同的生活习惯，太阳灶每年的实际使用时间大约在

400～600 小时。这样，每台太阳灶每年可以节省秸秆 500～800 千克，经济效益和生态效益都十分显著。

太阳灶通常可以分为三类：闷晒式、聚光式和热管式。

闷晒式太阳灶又称为箱式。它的工作原理是置于太阳下长时间闷晒，缓慢地积累热量。由于箱内温度可达 120℃～150℃，因此可用于蒸食物，或者作为保温器和医疗器具消毒器。

聚光式太阳灶的原理是将较大面积的阳光聚焦到锅底。一个直径为 1.5 米的太阳灶，可以在焦点上得到 400℃～500℃ 的高温，足以烧水、做饭。

聚光式太阳灶

热管式太阳灶分为两部分：太阳能聚热器和热管。太阳能集热器就是一个聚光式太阳灶。热管是一种高效传热件，能把热量从管的一端传到另一端。热管的一端位于集热器的焦点上，另一端位于室内。于是，太阳能就从户外被引入了室内。

利用太阳能的另一种方式是太阳能热水器。它的原理是将光能转换成热能。它利用集热器吸收太阳光，将太阳光能转化成热能。太阳能热水器的发展经历了四个阶段：闷晒式、平板式、玻璃真空管式和热管真空管式。

太阳能热水器

20 年前，闷晒式太阳能热水器在中国日照时间长的西北等地区曾经使用，现已被淘汰。平板式太阳能热水器因抗冻效果差、热损耗大、易积水垢、热效率低及使用寿命短等问题也已逐渐淘汰。

全玻璃真空管式太阳能热水器的集热效率较高，保温性能好，可抗直径 25 毫米冰雹的袭击。它的制作成本适中，但真空玻璃管内长期通水加热，往往会出现漏水、结水垢。

热管真空管式是目前技术水平最完善的太阳能热水器。真空集热管结构如同一个拉长的暖瓶胆，内、外管之间是真空夹层，确保冬季管内不结冰，能够正常使用。内管上有一层能吸收太阳光的镀膜。它具有导热快、抗冻能力强、保温性能好、使用寿命长等优点，特别适用于阳光不足或每天日照时间短的地区。

由于太阳能热水器具有节能、环保、安全、方便、供水量大等优点，现在已经广泛运用于家庭、厂矿、宾馆、学校、部队、医院等场所。

太阳电池

将太阳能直接转化为电能是利用太阳能最理想的方法。目前，运用最多的是太阳能光伏电池。它的原理是法国科学家贝克勒尔发现的。1839 年，贝克勒尔发现光照能使半导体材料的不同部位之间产生电位差。这种现象后来被称为"光生伏打效应"，简称"光伏效应"。能产生光伏效应的半导体材料包括单晶硅、多晶硅、非晶硅和砷化镓等。

每个单体半导体器件所能产生的电是很微量的，因此实际使用中是把它们串联和并联起来组成电池板。

太阳电池最初被运用在空间技术领域。卫星和航天器上的电子

"嫦娥 1 号"

太阳能路灯

设备需要使用大量电能，但又对发电装置要求很高：既要重量轻，使用寿命长，又要能连续不断地工作。只有太阳电池能满足这一要求。1958年，美国发射了第一颗太阳电池供电的"先锋1号"卫星。现在，世界上90％的卫星和宇宙飞船在进入太空后，都采用太阳电池供电。我们看到的卫星张开的银光闪闪的"翅膀"，就是给卫星提供动力的太阳电池帆板。中国很早就开始研究光伏发电技术，1959年研制成功第一个具有实用价值的太阳电池。1971年，中国的太阳电池成功应用于"实践1号"卫星上。

现在，我们常常能在街头或公路上看到用太阳电池供电的路灯或信号灯。科学家还在研究太阳电池驱动的汽车、船舶。一些建筑的屋顶和外墙也装上了太阳电池……

世界各国的能源专家都在积极研究太阳能发电的产业化。在德国南部的太阳能发电厂已正式投入使用，发电总容量为12兆瓦。2006年，澳大利亚政府宣布投资4.2亿澳元建设太阳能发电厂，装机容量为154兆瓦。按计划，该电厂将于2013年全面建成发电。它将成为世界上最大的太阳能发电厂。澳大利亚筹建的另一个太阳能发电厂不用光伏发电，而是建一个直径几千米的"暖棚"，中间有一个类似烟囱的高塔。在阳

西藏的太阳能发电站

澳大利亚太阳能发电厂示意图

光照射下，暖棚内部空气升温，热空气在高塔中急剧上升，推动涡轮旋转发电。它的发电功率可达 50 兆瓦。

中国西藏、新疆等地区的阳光充足，大气透明度好，发展太阳能发电站具有极有利的条件。目前西藏各类太阳能光电设施总容量已达 10 000 千瓦左右。上海也建设了多个太阳能发电示范点。例如，建在上海崇明岛上的国内最大的兆瓦级太阳能光伏电站装机容量达 1046 千瓦，年平均上网电量约 107.3 万千瓦时。与同样容量的火电机组相比，它能节省用煤 337 吨，减少燃煤所排放的二氧化硫 6.3 吨、氮氧化合物 3.5 吨、烟尘 0.9 吨，减轻二氧化碳排放 643 吨。根据规划，2010 年上海太阳能发电装机将达 30 万千瓦，相当于目前上海发电总装机容量的 2%。

太阳能飞机

太阳能空间发电站

太阳能发电有非常美好的前景，然而它的迅速普及还有待时日。其主要的问题是：一次性投资成本较高；光伏电池的转换效率较低，一般都不到20％；地球各处光照时间有长有短，特别是接近地球两极的地方有半年时间的昼夜更替。

科学家除了继续努力探索改进太阳能光伏电池，还提出了把太阳能发电站建到太空中的设想。太空中没有云雾，没有尘埃，也没有地球大气的折射、反射和散射，太阳电池能接收到的太阳能是地球上的7～15倍。而且太阳能空间发电站还能始终"跟踪"太阳，做到"日不落"，一天24小时连续发电。太阳能转化成电能后，可用微波束发回地面。地面接收站通过巨型天线接收微波，并把它转换成电能。

当然，就目前的科

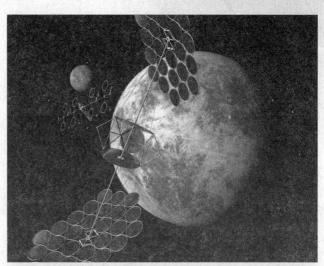

太阳能空间发电站（示意图）

技水平来说，要建立大型太阳能空间发电站还有一定难度。例如，一个发电能力为 500 万千瓦的空间发电站，要使用的太阳电池板的面积达 50 平方千米，重 5 万吨。把这样的庞然大物发射到太空，相当于向太空发射一座城市，谈何容易！当然，可以采取"化整为零"的方法，每次发射一部分零件，然后到太空中去组装。但运用目前太空运输能力最大的航天飞机，完成所有零件的输送也需要 1000 多次。根据最保守的估计，所需费用可达 3 万亿美元。此外，发电站建好后，还要经常检修维护，这对现有的技术也提出了挑战。

还有一种设想是把太阳能发电站建到月球上去。那里也没有大气层，阳光直射比在地球上强烈得多，也没有土地利用问题，可以在月面上建大面积的电站。但这同样面临技术和费用的难题。

四、奔流不息的水能

如果外星人来地球做客，一定会感到奇怪，为什么这个星球叫地球呢？对这个 2/3 的面积都被海洋覆盖的星球，"水星"似乎是它更准确的名字。

的确，地球上有大量的水，海洋面积约占地球表面积的 71%。但对人类最重要的淡水却只占地球上水体总量的 2.53%，而且近 70% 的淡水还是以固体的形式存在于极地和高山冰川。我们通常说的水资源指的就是陆地上的淡水资源。

水资源与水能

世界各地的水资源有很大差异。中国淡水资源总量约为 2.8 万亿立方米，居世界第 6 位。但由于中国人口多，人均占有量只有 2200 立方

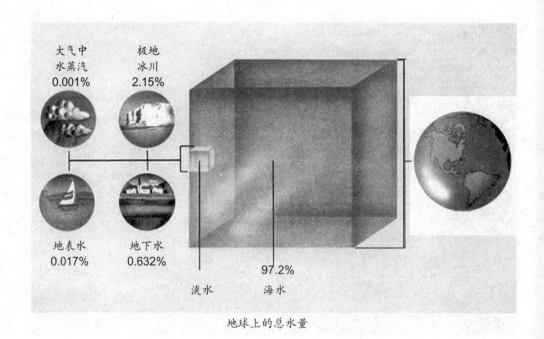

大气中
水蒸汽
0.001%

极地
冰川
2.15%

地表水
0.017%

地下水
0.632%

淡水

海水

97.2%

地球上的总水量

米，居世界第 121 位。这个数量只达到世界人均占有量（9600 立方米）的 1/4。因此，中国属于贫水国。

地球上的水不仅是生命赖以生存的资源，还蕴含着巨大的能量。据计算，如果水的流速为每秒 12 ～ 15 米，流量在每秒 500 ～ 800 立方米时，其冲击力可高达每平方米 60 吨。如果流速增大，冲击力更会以平方倍来增长。所以，在洪水泛滥期间，我们经常看到道路、桥梁被河水冲得七零八落，毁于顷刻。

我们的祖先很早就会利用江河溪涧中的水能了。2000 多年前的汉朝，就出现了用水驱动去除谷壳、麦壳的水碓，后来又出现了水磨、水碾、水转纺车等利用水能的机械。

古老的水车

水力发电

现代利用水能最普遍的形式是水力发电。水力发电的主要方式可分为流入式水力发电、调整水库式发电、水库式发电和扬水式发电 4 种。

流入式水力发电就是在河川坡度比较大的上游或者中部建取水大坝，从取水口取出水导向水槽，利用河川的落差驱动涡轮机发电。由于河川的自然流量时有变化，发电能力也随之变动。旺水期流量大时发电能力大，枯水期量小时发电能力小。

调整水库式发电是利用河川或者导水路途中的凹地、溪谷等，建设具有能容纳枯水期一天流量库容的调整水库，根据用电量的需求来发电的方式。调整水库式发电比流入式水力发电更能充分利用河川的水资源，提高了发电效率。

水库式发电即建设比较大型的水库，预先存储河川洪水期及旺水期的水量，在枯水期补给使用的发电方式。水库式发电具有较高、较稳定的发电能力，但初期投资较大。

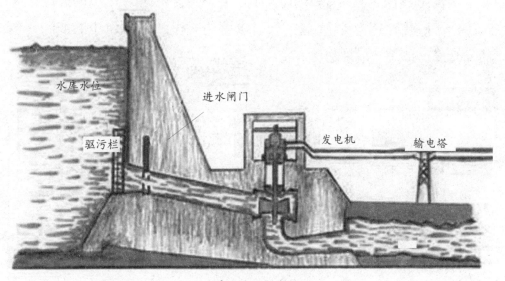

水库式发电示意图

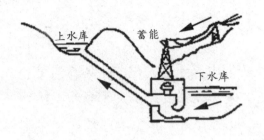

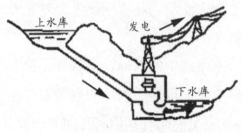

扬水式发电示意图

扬水式发电非常独特。它是在深夜用电量少的时候，利用富余电力驱动水泵，将水从下部水库抽到上部水库储存起来，然后在白天用电多时将水放出发电，并流入下部水库。这种发电站又可分3种类型：1. 上部水库没有天然径流来源，其抽水与发电的水量相等；2. 上部水库有天然径流来源，既可利用天然径流蓄水发电，又能利用由下部水库抽水蓄能发电；3. 从位于一条河流边的下部水库抽水至上部水库，上部水库则向另一条河流边的下部水库放水发电。

由于水力发电具有可再生、较清洁等优越性，世界各国无不优先开发水能资源。世界上有24个国家靠水电为其提供90%以上的能源，如巴西、挪威等，还有55个国家依靠水电为其提供50%以上的能源，包括加拿大、瑞士、瑞典等。

知识链接

挪威的水力发电

挪威已开发的水电资源约3100万千瓦，约占其水电总蕴藏量的81.6%。挪威全国年发电量为900多亿度。其中，水力发电占99.5%。同时，挪威全国528座水电站都与北欧诸国的水、火电站联网，夏季高水位时可向瑞典、丹麦等国输出水电。冬季枯水时则输入火电，从而构成均衡和谐的供电系统。

26

世界最大的水电站

1994 年 12 月 14 日，随着第一罐混凝土稳稳地浇灌在湖北宜昌三斗坪大坝江心的岩石上，一项举世瞩目的重大工程——长江三峡水利工程正式开工了！

三峡电站总装机容量达 2240 万千瓦，将是世界最大的水电站。2005 年 9 月 16 日，三峡左岸电站 14 台机组全部投产发电；2007 年 6 月 11 日，三峡右岸 12 台机组中的首台机组投产；至 2007 年 7 月 9 日，三峡电站已发电 257 亿千瓦时，电力外送华中、华南、华东和川渝等 11 个省区市。一旦整个三峡电站建成，它的年发电量将远远超过目前世界上最大的水电站——巴西和巴拉圭合建的伊泰普水电站。从发电能力来

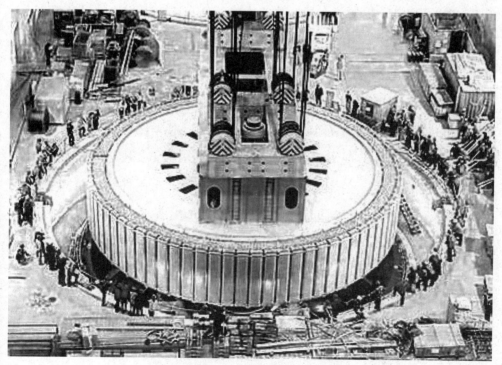

三峡电站的巨型水轮机转子正在吊装

三峡电站

看，三峡电站相当于一座年产5000万吨的原煤矿，同时又没有烧煤带来的污染，对保护中国的大气环境具有重要的意义。它将为经济发达、能源不足的华东、华中和华南地区提供可靠、廉价、清洁的可再生能源，为缓解我国电力紧缺局面作出重要贡献。

水力发电的利与弊

由于中国的地势从东到西有较大的落差，多条江河发源于平均海拔4000米的青藏高原，因而有相对丰富的水能。中国的水能总量约为6.76亿千瓦，居世界前列。从1912年第一座水电站——云南石龙坝水电站建成至今，中国已建成大、中、小型水电站达88 000座，年发电量达1000亿度。

水力发电的前景虽然可观，但建设一些大型水库时必须十分慎重，因为巨大的水库可能会引起地表的活动，甚至诱发地震，还会引起流域水文上的改变，导致下游水位降低等。此外，水库建设也会对生态环境造成影响，可能会造成大量的陆地野生动植物被淹没死亡，而且由于上游生态环境的改变，会影响某些鱼类的洄游等，导致种群数量减少，甚至灭绝。

现在，世界各国都十分重视对水力发电可能产生问题的研究，并采取了相应的保护措施。水力发电虽然一次性投入较大，但从长远的观点看，属于廉价能源。但是要规划恰当，科学设计。

五、蕴量丰富的海洋能

什么是海洋能

浩瀚的蓝色海洋，占据了我们星球表面70％的面积。在或者汹涌、或者平静的海面下，蕴藏着极其丰富的矿藏和巨大的能量——海洋能。

从广义上讲，海洋能也是水能，但它与陆地上水能的成因和利用有所不同。海洋能主要包括潮汐能、波浪能、洋流能、温差能和盐差能等。

潮汐能来源于月球、太阳和其他星球的引力，其他海洋能则均源自太阳辐射。潮汐能、洋流能、波浪能是海水运动所携带的动能，将其转变为发电机的动力能直接发电。温差能是海水温度分布不均而蕴藏的能量。盐差能则是利用海水和淡水或不同海水间含盐量的差别所

海与洋

从地理学角度讲，海与洋是不同的。洋是海洋的主体部分，水深一般在3000米以上。洋离陆地遥远，不受陆地的影响。每个大洋都有自己独特的洋流和潮汐系统。高洋的水色蔚蓝，透明度很高，杂质很少。海在洋的边缘，临近陆地，水深比较浅。海水的温度、盐度、颜色和透明度，都受陆地的影响，有明显的变化。海的面积约占海洋总面积的11%。

蕴藏的能量。

中国有18 000多千米长的大陆海岸线，6500多个大小岛屿，海域面积超过470万平方千米，海洋能资源十分丰富。如果把海洋能资源转换为可以用的动力，至少相当于1.5亿千瓦，是全国电力总装机容量的两倍多。而世界海洋能的总量，更是远远超过人们想象。据科学家推算：蕴藏在海洋中的海洋能总量约766亿千瓦。

此外，开发利用海洋能还能获得多方面的效益。如潮汐电站的水库能兼顾水产养殖、交通运输；温差能发电可同时进行海水淡化和化学元素提取；大型波浪发电装置可同时起到消波防浪，保护海港、海上建筑物和水产养殖的作用。

潮汐能及其利用

钱塘江大潮

去过浙江海宁观潮的人，一定会被那波澜壮阔、惊天动地、蕴藏着巨大能量的大潮所震撼。古代人不懂得潮水汹涌的原因，把涨潮当成是龙王发怒，或是妖魔肆虐。于是，有人在浙江海宁盐官镇的江边筑起了"镇海宝塔",还用数十吨生铁铸了一头压潮神牛。

其实,海水每天有规律涨落的潮汐现象是由月球和太阳等天体引力导致的。引力的大小决定于天体的质量及其与地球的距离。由于月球距离地球最近,对形成潮汐的影响最大。太阳的质量巨大,对潮汐也有一定的影响。月球对地球的潮汐引力大概是太阳的 2.17 倍。而其余天体的影响则几乎可以忽略不计。

由月球引力而产生的潮叫做"月潮"。在地球正对着月球的一面,海水受到月球的吸引,就会相对聚集,水位就上涨。月球绕地球的公转,也可看成月、地绕两者的公共质心的旋转运动。这种运动产生的惯性离心力,在地球背向月球的一面最大。所以,那里也形成潮汐。既不正对着月球、也不背对着月球的地球两侧,海水因此而减少,水位就下降。于是,地球上的海水就会因地球自转一周而在一天之中涨落两次。白天的这次叫"潮",晚上的这次叫"汐"。月球轨道是椭圆形的,当月地距离最近时(是远地点的 90%),发生的潮汐更大。

由太阳引力而产生的潮则叫做"日潮"。由于太阳与地球间的距离比月球与地球间距离远得多,所以日潮的高低只有月潮的 2/5,不易被察觉。

每当农历初一和十五,月球、地球和太阳处于同一直线上时,日月两潮就会产生叠加现象,海水涨落幅度就会增加到最大,称为"大潮"。但大潮的发生有一个滞后期,要比初一和

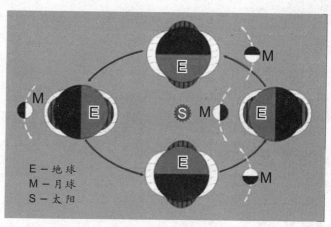

E—地球
M—月球
S—太阳

大潮和小潮

十五晚约两天，如海宁大潮往往发生在农历八月十八。这是因为海水的流动要有一个过程。当月球处于每月上、下弦位置，月球—地球—太阳连线成 90° 角时，日潮就会对月潮起抵消作用，涨落幅度就会减弱到最小，称为"小潮"。

对海洋能的利用，人们首先想到的就是潮汐能。因为在各种海洋能中，潮汐能的开发利用最为现实和简便。潮汐所蕴藏的能量是非常巨大的。世界海洋潮汐能蕴藏量约 27 亿千瓦。如果把海水涨、落潮的全部能量变为电能，每年可发电约 1.2 万亿度。

1912 年，德国建成了世界上第一座实验性小型潮汐电站，随后许多国家都试建了潮汐电站。1968 年投入运行的法国朗斯河口潮汐电站安装了 24 台 1 万千瓦的水轮发电机组，年发电量约 5 亿度，是世界上最大的潮汐电站。中国浙江江夏潮汐电站装机容量为 3200 千瓦，居世界第三位。

朗斯河口潮汐电站

潮汐发电与水力发电的原理差不多。它是利用潮水涨、落产生的水位差来发电，即把海水涨潮和落潮的能量变为机械能，再把机械能转变为电能。

潮汐能电站有三种类型：一种是单库单向发

江夏潮汐电站

电。就是在海湾或有潮汐的河口建一道拦水堤坝，将海湾或河口与海洋隔开构成水库，再在坝内安装水轮发电机组。涨潮时开闸引水入库，落潮时便放水驱动水轮机组发电。这种类型的电站只能在落潮时发电，一天两次，每次最多5小时。

为提高潮汐的利用率，尽量做到在涨潮和落潮时都能发电，人们使用了巧妙的回路设施或双向水轮机组，使涨潮进水和落潮出水时都能发电。这就是单库双向发电。法国朗斯河口潮汐电站和中国江夏潮汐电站

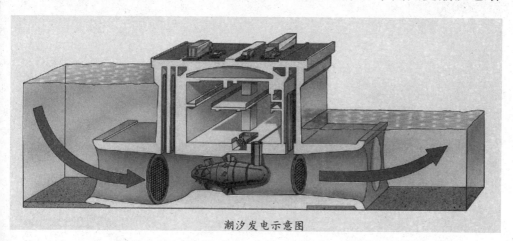

潮汐发电示意图

就属于这种类型。

　　第三种是双库双向发电。这种方法是建上、下两个蓄水库，发电机组则布置在两库之间。上水库只在涨潮时进水，下水库只在落潮时泄水。两个水库之间始终保持有水位差，因此可以全日连续发电。但这种发电形式在经济上不合算，实际应用很少。

　　潮汐电站目前没能普遍发展。首先，潮汐蕴藏的能量虽大，但潮汐能比较集中、港湾地形好、适宜建站的地方并不很多。其次，建站与运转费用高昂。从工业生产的角度看，如果发电的成本超过火力发电太多，推广价值就大打折扣了。谁会花好几倍的钱，购买一模一样的东西呢？不过，随着科技的发展，成本的降低，以及矿物能源的短缺日益严重，潮汐发电还是有很大的发展前景。

波浪能的开发

　　海水受海风的作用和气压变化等影响，发生向上、下、前、后的运动，形成了海上的波浪。波浪那一起一伏的运动能量是十分巨大的，一平方千米海面上的波浪能可以达到 25 万千瓦。全球波浪能总量约 30 亿千瓦，其中 1/3 可以利用。中国有广阔的海洋资源，波浪能的理论存储量为 7000 万千瓦左右。

波浪发电有多种形式，有的利用波的上下波动，有的利用波的横向运动，有的利用由波产生的推力。

波浪发电航标灯

中国珠海大万山岛波浪发电站

各种波浪发电装置

波浪的能量蕴藏在波浪的起伏之中，只要将波浪起伏的能量转换成机械的往复运动，再转换成涡轮机的旋转运动，就能带动发电机发电。利用波浪能发电的装置多种多样，归纳起来可分为漂浮式波浪能装置、固定式波浪能装置，和半漂浮、半固定波浪能装置。

20 世纪 70 年代末期，日本研制成功一种大型波浪发电船，并进行了海上实验。它能发出 100 ～ 150 千瓦的电能，而且具有远离海岸的电力传输装置。这艘船通常停泊在离岸 3000 米的海上。这是迄今比较成功的漂浮式波浪能装置之一。2000 年 11 月，英国苏格兰建成一个 500 千瓦的固定式波浪能装置。该装置现已上网发电，可以为当地 400 户居民供电。

波浪发电是继潮汐发电之后，发展最快的一种海洋能源的利用。目前世界上除英国、日本外，挪威、西班牙、葡萄牙、瑞典、丹麦、印度、美国和中国等国家及地区也都研发了各种波浪发电装置，漂浮在海面上或固定在海岸边。

洋流发电的探索

在海洋的浅层和深层，都有相对固定的洋流。洋流虽然流速不大，一般在每小时 1~2 千米，但流量巨大，蕴含着巨大的潜能。例如沿中国台湾东部北上的黑潮（该洋流水色深蓝、透明度大，远看蓝黑色，因此得名）的流量相当于 1000 条长江，比世界陆地上所有的河流总流量大 20 倍。再如墨西哥湾的暖流，其流量最大可达每秒 9000 万立方米，比黑潮又大一倍。

"顺水推舟"是人类对洋流的传统

洋流发电机

利用方法。帆船时代，人们利用洋流漂航。18世纪，美国政治家兼科学家富兰克林曾绘制了一幅洋流图。该图特别详细地标绘了北大西洋洋流的流速和流向，供来往于北美和西欧的帆船使用，大大缩短了横渡北大西洋的时间。

在能源紧缺的今天，洋流中蕴藏的巨大能量引起了人们的兴趣。然而，洋流离海岸遥远，茫茫大海一望无际，怎样才能把洋流能充分利用起来呢？

最初，有人把洋流发电站用钢索和铁锚固定在海面上，让海流推动水轮机叶轮，带动发电机发电。但是洋流流量虽大，流速却不大，所以单机发电量不大。后来，美国

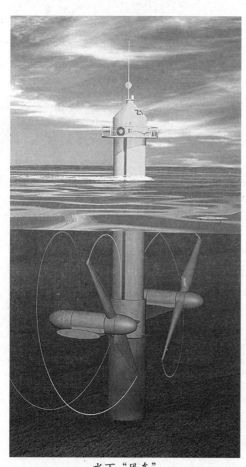

水下"风车"

人斯特曼制成了一个特殊的发电装置。他把一条装有发电机的船锚泊在佛罗里达州海岸边墨西哥湾的暖流区，将50个直径60厘米的"降落伞"依次连在一根150米长的环索上，环索则绕在船头的两个绞盘上。接着，他把环索投入洋流中。尽管海流的流速不大，但足以使"降落伞"张开并慢慢前进。于是环索在"降落伞"带动下运动并带动绞盘旋转，再推动发电机发电。

后来，人们又把发电装置固定在海底的一定深度。1973年，美国试验了一种名为"科里奥利斯"的巨型洋流发电装置。该装置为管道式水轮发电机。机组长110米，管道口直径170米，安装在海面下30米处。

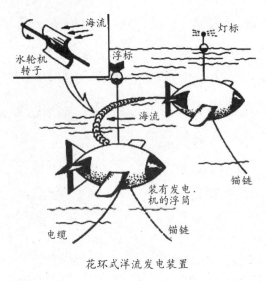
水轮机转子
海流
灯标
浮标
海流
装有发电机的浮筒
锚链
电缆
锚链

花环式洋流发电装置

目前，洋流发电装置多是漂浮在海面上的。例如，一种叫花环式的洋流发电装置，是用一串转轮安装在两个固定的浮体之间，浮体中装有发电机。整个发电装置迎着洋流的方向漂浮在海面上，就像献给客人的花环一样。但是，这种发电装置的发电能力通常不大，一般也只能用来为灯塔和灯船提供电力，最多也只不过为潜水艇的蓄电池充电而已。

2006年，世界首台洋流发电机组，在意大利南部墨西拿海峡与意大利国家电力公司的电力运输网实现并网发电。该发电机组设计装机容量最高为130千瓦，由固定在海底的涡轮机、旋翼和电气部件组成。

中国海域辽阔，既有沿岸海流，又有邻近的深海洋流。这些洋流的流量变化不大，而且流向比较稳定。若以平均流量100立方米/秒计算，中国近海和沿岸海流的能量就可达到一亿千瓦以上。台湾海峡和南海的洋流能量最为丰富，如果得到大规模开发，将为中国沿海地区提供充足而廉价的电力。

海洋温差发电

海洋是一个巨大的太阳能接收器。6000万平方千米的热带海洋平均每天吸收的太阳能相当于2500亿桶石油所含的热量。科学家现在正在积极开发研究，设法将海洋中储存的热能开发出来，这就是海洋温差发电。

海洋表层水温可达20℃～30℃，深层海水的温度则接近0℃。科学家设想，运用热泵装置，把上层温海水送入一个真空室，温海水在真空室内就会沸腾产生水蒸气。你一定觉得奇怪，不足 30℃的温水能产生水蒸气吗？因为水的沸腾温度和气压有关，压力越低，沸腾温度就越低。当气压接近真空时，即使水温接近 0℃也可以沸腾产生水蒸气。然后，水蒸气驱动发电机组运转发电。水蒸气推动涡轮机发电后需要使之冷凝成蒸馏水。冷却的方法是从 500 米以下的海洋深处抽取冷海水，使水蒸气冷却为蒸馏水，也就是我们特别需要的淡水。看，海洋温差发电还能产生这么有用的副产品呢！

海洋温差发电的另一种方案是，用表层海水加热液氨等沸点很低的液体产生蒸气，来驱动涡轮发电机进行发电。同时，从深海抽取低温海水冷却氨蒸气，使它还原为液态。如此循环反复利用海水的温差，持续发电。

1979 年 8 月，美国在夏威夷岛建成了一座名为"浮岛"的温差实验电站。1981 年，日本在南太平洋的瑙鲁岛建成了一座 100 千瓦的海水温差发电装置，1990 年又在鹿儿岛建起了一座兆瓦级的同类电站。现在，海水温差发电技术已经引起世界各国关注，它不仅作为下一代绿色能源引人注目，而且极有可能对解决全球变暖和缺水等 21 世纪最大的环境问题产生有利的影响。

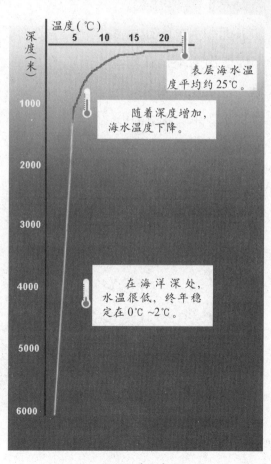

海水温差示意图

盐差发电

海水中含有各种盐，其中 90 % 是氯化钠，也就是我们通常所说的食盐，其余是氯化镁、硫酸镁、碳酸镁和含有钾、碘等元素的其他盐类。如果把海水里的盐全部提取出来平铺在陆地上，陆地高度可以增加 153 米。海水中的盐除了可以提取用作食盐和工业原料，

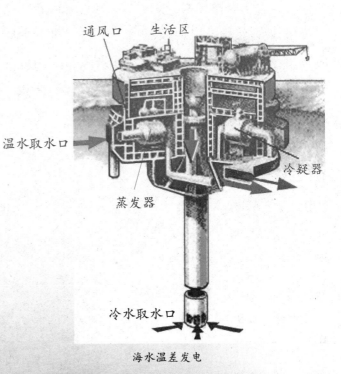

通风口　生活区

温水取水口

冷疑器

蒸发器

冷水取水口

海水温差发电

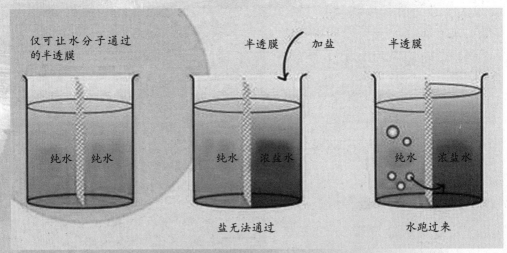

仅可让水分子通过的半透膜

半透膜　加盐

半透膜

纯水　纯水

纯水　浓盐水

纯水　浓盐水

盐无法通过

水跑过来

盐差能

还能发电呢！

　　这是怎么回事呢？把含盐量平均为 3.5% 的海水与江河的淡水用一种只能通过水分而不能通过盐分的半透膜相分割，两边的水就会产生一种渗透压，从而使低浓度的淡水向高浓度一侧渗透。浓度高的一侧水位会升高，直到两侧的含盐浓度相等。这种渗透压产生的能量，被称为海水盐差能。江河入海处的海水渗透压相当于约 240 米高的水位落差。

　　全世界海洋内储藏的盐差能达到 35 亿千瓦。由于海水盐差能蕴藏量十分巨大，世界各国都在积极开展研究。以色列一位名叫洛布的科学家在死海与约旦河交汇的地方进行了实验，利用渗透压原理设计了一种压力延滞渗透能转换装置，取得了令人满意的成果。美国俄勒冈大学的科学家利用渗透原理，研制出了一种新型的渗透压式盐差电池，经过串连和并联，就可供电。还有一些科学家在研究试验蒸气压式盐差能发电等其他发电形式。

六、永不枯竭的风能

风和风能

风 是地球上的一种自然现象，通常是指空气水平方向的运动。空气总是从压力大的地区流向压力小的地区。在相邻的两个地区，空气压力差越大，空气流动就越快，风也就越大。而气压的差别又往往与温度有关，受热的空气膨胀而上升，周围较低温度的空气就会流过来补充。例如在夏天的海边，白天陆地空气升温快，海面的空气流向陆地，风从海洋吹向陆地；到了晚上，陆地空气降温快，陆地的空气流向海洋，风从陆地吹向海洋。

其实，风能也是太阳能的转化。在太阳光的照射下，地球表面各地区因受热强度各不相同，温度差异很大。由温差而产生大气压力差，从而引起大气的对流运动，形成风。

风的能量是很大的。太阳辐射到地球表面的能量约有 2% 转化为风能，全球的风能约为 2.74×10^9 兆瓦，其中可利用的约为 2×10^7 兆瓦，比地球上可开发利用的水能总量大 10 倍。全世界每年烧煤产生的能量，只有风一年提供能量的 1/3000。仅接近陆地表面 200 米高度内的风能，就大大超过全世界每年从地下开采的各种矿物燃料产生能量的总和。

与石油、煤炭等传统的矿物燃料相比，风能清洁干净，不会产生污染，可以再生，永不枯竭。而且风能开发利用越多，空气中的飘尘和降尘就越少。另外，风能的开发也比较灵活，无论海边、平原，还是山区，都可建设风电站。

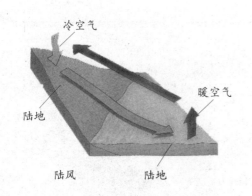
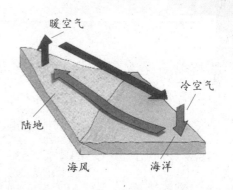

古人怎样利用风能

人类利用风能的历史十分久远。风能是继人力和畜力之后，人类最早开始利用的动力之一。人类早期利用风能的标志是风帆和风车。

中国是世界上最早利用风能的国家之一。公元前数世纪，中国人民就利用风力提水、灌溉、磨面、舂米，用风帆推动船舶前进。宋代是中国应用风车的全盛时代。到了明代，中国

纸风车

古代风车

风车是一种不需燃料，以风作为能源的动力机械。古代的风车是从船帆发展起来的。宋代流行的垂直轴风车具有 6～8 副像帆船那样的篷，分布在一根垂直轴的四周。风吹时，风车就像走马灯似的绕轴转动。后来，这种风车逐步为具有水平转动轴的木质布篷风车和其他效率更高的风车取代，如立式风车、自动旋翼风车等。

古代垂直轴风车

44

的帆船更是名扬四海。600 多年前，中国著名航海家、外交家郑和曾率领一支当时世界上最庞大的帆船队七下西洋，访问了 30 多个国家。

公元前 2 世纪，古波斯人就利用垂直轴风车碾米。11 世纪，风车在中东已获得广泛应用。13 世纪，风车传

帆船

至欧洲，14 世纪已成为欧洲不可缺少的机械。直到蒸汽机出现，欧洲风车数目才下降。最著名的风车国度就是荷兰了。现在，荷兰全国还保留着几百台旧式风车，成了著名的景观。

现代风力发电

目前对风能的利用，主要是把风能转化为机械能，然后再转化为电能。风力发电的关键设备是风力发电机。它主要分为两类：水平轴风力

水平轴风力发电机

发电机和垂直轴风力发电机。

　　水平轴风力发电机的风轮转轴与地面平行，就像常用的电风扇一样。目前商用大型风力发电机组一般就是用的这种。根据风轮上叶片的多少，水平轴风力发电机又可分为单叶式、双叶式、三叶式和多叶式等。

　　垂直轴风力发电机的风轮转轴与地面呈垂直状态，叶片绕垂直轴线旋转。虽然从原理上说，都是把风力的机械能

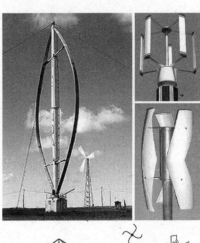

垂直轴风力发电机

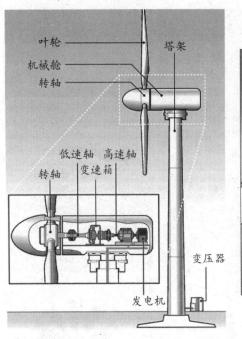

叶轮
机械舱
转轴
塔架

低速轴 高速轴
转轴 变速箱
发电机
变压器

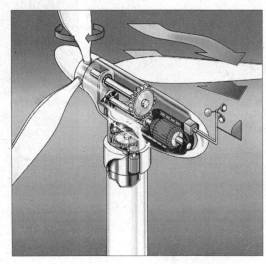

知识链接

风筝风力发电机

　　意大利科学家开发了一种新型风力发电装置——风筝风力发电机。虽然它看上去就像院子中不起眼的晾衣架子，但它的发电量却有可能同核电站相媲美。

　　风筝风力发电机的工作原理很简单：风筝在风力作用下，带动固定在地面的旋转木马式的转盘，转盘在磁场中旋转产生电能。发电用的风筝并非是我们在公园常见的风筝，而是类似于牵引冲浪的风筝。它重量轻，抵抗力超强，可升至 2000 米的高空。

风筝风力发电机

转化成电能，但垂直轴风力发电机和它的水平轴兄弟可一点都不像。垂直轴风力发电机取消了长长的风轮叶片，个头小，噪音小，不用一直向着迎风方向，效率更高。小型的垂直轴风力发电机甚至可以直接坐落在高层建筑上。

根据目前的技术，大约3米/秒的微风就可以用来发电。现在，世界上风电总装机容量大概有7000万千瓦。"风车之国"荷兰没能保住自己在风能利用领域的领先地位。现在风力发电量世界排

海口市的风力发电路灯

名第一的是美国，约有1700万千瓦。2006年全世界新增风能发电装机容量1500万千瓦，比2005年增加了27%，创年装机容量新纪录，相当于新建15座大型发电厂。

中国的风力发电

中国风能资源比较丰富，适合风力发电的区域非常广阔，特别是东南沿海和西北草原地区。这些区域的年平均风速分别达到每秒6～8米

东海大桥海上风电场

和 4～6 米，具有相当大的开发、利用价值。

　　中国从 20 世纪 80 年代开始兴建大型风电场，现在已经在新疆、山东和东南沿海地区建设了多个大型风力发电场。2006 年，中国风力发电总装机容量达到 259.9 万千瓦，年新增装机容量达到 133.4 万千瓦，新增装机数大约是 2005 年总装机容量的 2.5 倍，已经跃居世界第 6 位。国家发改委提出了到 2020 年全国建设 3000 万千瓦风电装机容量的目标。

　　目前，中国风电装机容量较大的省区包括新疆、内蒙、广东和辽宁。在新疆达坂城，高高的风车已经成为当地一大景观。光是达坂城一个风电站的发电量，就足够乌鲁木齐地区用半年。科学家建议，新疆应该建造更多的风力发电站，除了能为西部开发贡献能源，还能有效减缓风速，减轻华北沙尘暴的困扰。

　　中国的首个海上风电场已矗立在上海附近海域。据初步估算，上海的海上风能储量达 4700 万千瓦。上海市可建的大型海上风电场场址包括奉贤海上风电场、南汇海上风电场和长兴岛、横沙海上风电场。国内

世界著名风力发电站

世界最大风力发电站——美国特哈查比风力发电站

世界第三、亚洲第一风力发电站——中国达坂城风力发电站

丹麦米德尔格伦登
海上风力发电站

老港风力发电厂

最大的海上风电项目——东海大桥海上风电场年发电量达到 2.6 亿度左右。上海最大的垃圾填埋场——老港，已经开始建设上海华港风力发电一期工程。预计，它一年可发电 4696 万度。与相同发电量的火电相比，该项目每年可节约 11 758 吨标准煤，减少燃煤所产生的二氧化硫 188.4吨、一氧化碳 2.7 吨、氮氧化合物 106.3 吨、碳氢化合物 1.08 吨、烟尘106.3 吨，减排温室效应气体二氧化碳 2.52 万吨、灰渣 2823.1 吨，还可节约用水 10 642 吨，是名副其实的绿色电能。

七、资源丰富的生物质能

什么是生物质能

生物质能是绿色植物通过光合作用，将太阳能转化为化学能而储存在生物体内的能量。生物质能是人类最早利用的能源，木材、秸秆、动物粪便等都属于生物质能。

古人学会用火以后，烧烤、取暖、照明等所用的能源都直接取自生物，如各种植物和经动物转化的蜂蜡、白蜡、油脂等。煤炭、石油和天然气也都是由远古时代的生物转化而来的。

全球每年由植物所固定的生物质能约相当于 10.2 万亿吨标准煤，为全世界每年耗能的 1172 倍。目前，世界各国都在大力发展生物质能技术，并制定了相应的开发计划。例如，日本政府制定了阳光计划，美国政府制定了能源农场计划，印度政府则制定了绿色计划。

光合作用

生物质

二氧化碳

对我们国家来说，开发生物质能更具有特殊的意义。我国 70% 的人口生活在农村地区，秸秆、薪柴还是许多地方的主要生活燃料。这样的初级能源产品燃烧效率低、浪费大。我国每年在田间地头直接烧掉的作物秸秆超过 1.5 亿吨，约合 7000 万吨标准煤。这样做不仅浪费了宝贵的资源，而且污染了环境。把原始的生物质能加工改造成沼气、酒精等燃料，是满足农村居民日益增长的能源需求的有效途径。

化腐朽为神奇的沼气

很久以前，人们就发现在沼泽、池塘附近植物腐烂的地方会产生一种奇怪的气体。它闻起来有点臭臭的，时间一长，还能让人头昏眼花。如果不小心在附近点燃火种，这种气体会立刻剧烈燃烧起来，发出蓝色的火焰。人们称这种奇怪的气体为沼气。沼气的主要成分是甲烷以及部分二氧化碳和少量的氢气、氮气、硫化氢等。

在自然界里，许多原料都能产生沼气。人和动物的粪便、动植物的遗体、工农业有机废料等，都能在一定温度、酸度和缺氧的条件下，经过微生物发酵，产生沼气。1 立方米沼气燃烧产生的热量，相当于 1000 克煤产生的热量。

农村制造人工沼气，除了要备足原料外，最重要的是要建造一个密闭的沼气池。由于畜禽粪尿、厨余垃圾、秸秆树叶等，要在一种厌氧细菌

建设中的沼气池

的作用下，经过发酵，才会变成沼气，所以沼气池必须密闭。秸秆是制造沼气最理想的原料，虽然它产生沼气的速度比较慢，但却很持久。如果把秸秆直接燃烧，热能利用率只有10%，而如果把它投入沼气池里生产沼气，热能利用率可以提高到80%。而且，沼气池中残存的水和污泥是很好的有机肥料，对增加土壤的有机质含量，提高土壤肥力，增加农作物产量，具有很大的作用。

变废为宝的垃圾发电

垃圾是我们生活中产生的废物。但垃圾放对了位置就是一座"宝矿"。垃圾可以用来发电，垃圾中还蕴藏着许多可回收利用的资源。燃烧2吨垃圾所产生的热量大约相当于1吨煤燃烧时所发出的热量，可产生525度的电能。

垃圾发电的方法主要有两种。一种是通过垃圾焚烧发电，另一种是用垃圾填埋气发电。用于焚烧发电的垃圾中不能含有毒有害垃圾、建筑垃圾和工业垃圾。经过分类处理，符合规格的垃圾才能被送入焚烧炉中。

甲烷

甲烷是一种无色、无味的气体，比空气约轻一半。甲烷难溶于水，易燃。甲烷燃烧时产生淡蓝色火焰。当空气中混有5.3%～14%的甲烷时，遇火种就会发生爆炸。煤矿中的"瓦斯"爆炸指的就是甲烷所引起的爆炸。

垃圾燃烧产生的热能转化为高温蒸汽，推动气轮机转动，进而带动发电机发电。对垃圾中不易燃烧的有机物可进行发酵、厌氧处理，最后干燥脱硫，产生沼气。沼气燃烧，又能发电。垃圾填埋气发电的投资约为垃圾焚烧发电的1/4，但前者对垃圾的处理不彻底。

从20世纪70年代起，许多国家开始建设垃圾发电站。例如，美国纽约附近的斯塔藤岛原来是一座巨大的垃圾山，政府投巨资建设了斯塔藤岛垃圾处理站。这个垃圾处理站采用填埋法处理生活垃圾，每天能生产26万立方米沼气用于发电，还能合成大量肥料。一座垃圾山变成了"宝矿"。

垃圾分类回收

一般来说，垃圾可以分成可再生垃圾、不可再生垃圾和有害垃圾三类。可再生垃圾包括废纸、废玻璃、废金属等；不可再生垃圾包括厨余、草木和织物等；而废电池、废灯管、过期药品等都属于有害垃圾。可再生垃圾经过简单处理后，就能循环使用。不可再生垃圾中的生活垃圾可用于垃圾发电，而砖瓦、灰土等可以加工成建材。如果把这些垃圾和有害垃圾混在一起，就完全无法利用了。所以垃圾变废为宝的第一步就是垃圾分类回收。

上海闵行生活垃圾焚烧厂建成后将是中国最大、世界第三的垃圾焚烧厂。

中国人口多，产生的垃圾也多。中国的大中城市每年产垃圾 1 亿吨，而且还在以每年 8％的速度递增。中国垃圾堆存量高达 66 亿吨，侵占了 5 亿多平方米土地。近 200 座城市已无适合场所堆放垃圾。垃圾中的有害物质还渗透到地下和河流中，带来不容忽视的隐性危害。如果能对这些垃圾合理地综合利用，每年能创造 2500 多亿人民币的效益。

虽然垃圾发电能变废为宝，但其成本也高于火力发电。要提高垃圾发电的效率，关键是提高垃圾的"质量"。对此，世界各国都积极实施了垃圾分类，对各类垃圾分别处理，综合利用。

生物燃料

目前，生物质能的开发利用和研究方向主要是用各种生物质制造乙醇等生物燃料，以代替汽油和柴油等矿物燃料。这些生物燃料的利用，不仅可以缓解石油供应紧张，而且可以降低污染。

美国是最早研究生物柴油的国家，目前有 4 家生物柴油生产厂。生物柴油在普通柴油中的掺入量为 10% ～ 20%。在德国，现有 23 家生物柴油生产企业，2004 年生产能力已达 109.7 万吨。德国规定从 2004 年 1 月 1 日起，柴油中必须添加 5% 的生物柴油，并控制生物柴油的市场价格，使德国成为世界上利用生物柴油最为广泛的国家。

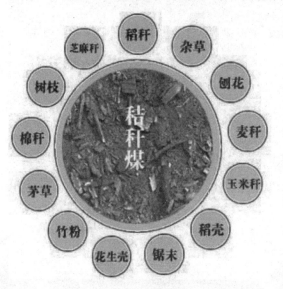

如果生物燃料的制造以粮食、饲料和制糖作物为原料，显然不可取。包括中国在内的一些国家已经禁止这种做法。因此，应以纤维素等非粮食农作物为原料制造生物燃料。科学家也在研究寻找更多的可用于制造生物柴油的植物。因为各种含油植物的种子都有可能用于生产生物燃料，关键是要寻找到合适的种类。例如，贵州省有一种小油桐，其种子含油率高达 40% ～ 60%，可以提炼出不含硫、无污染的生物柴油，成分接近

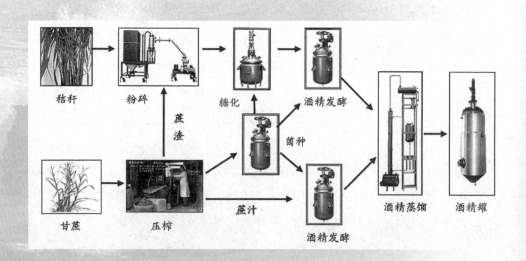

柴油。

　　为了彻底摆脱对石油的依赖，许多国家提出了生物燃料发展目标。如美国计划到 2020 年生物燃料在交通燃料中的比例达到 20%，瑞典则希望 2020 年之后，利用纤维素生产的燃料乙醇全部替代石油燃料。

小油桐

生物柴油

八、地球内部的地热能

你听说过温泉吗？温泉的热能是从哪里来的？它不是烧热的，也不是太阳晒热的。地表的温泉来自地下，在地下就是热的，是一种地热能。

地热能是地球内部蕴藏的巨大能量。它和太阳能、潮汐能、风能等都是取之不尽、用之不竭的绿色能源。

长白山温泉

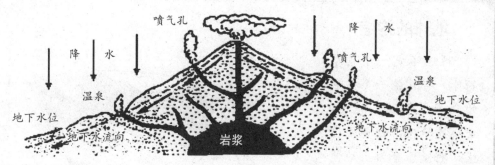

地热是怎样形成的

　　地球内部为什么会有那么多的能量，它们是从哪里来的？地热能来源于地球的熔融岩浆和放射性物质的衰变。地下水的深处循环和来自极深处的岩浆侵入到地壳后，就把热量从地下深处带至近表层。在有些地方，地热能随自然涌出的热蒸汽和水到达地面。

　　由于地球构造的不均衡性，地球各处地壳深处的温度也不一致。一般来说，每深入地下100米，温度升高约3℃。地壳底层的温度超过1000℃，地幔的温度达到1200℃～2000℃，地核温度则高达6000℃左右。只要利用地壳上层1000米以内1%的热量，就可以保障人类很长时间

知识链接

放射性元素衰变

　　自然界中有一类元素，它们能够自发地从原子核内部释放出粒子或射线，同时释放出能量，这个过程叫做放射性衰变。这类元素就是放射性元素。放射性元素衰变的速率恒定不变，且不受一般的物理和化学条件影响。衰变的结果是原子的质量减轻，转变为另一种元素，如铀-238经多次衰变后变为铅-206。

地球的构造

地球不是一个均质的球，它就像一个煮熟的鸡蛋。蛋壳是地壳，蛋白是地幔，蛋黄是地核。地幔可分为上地幔和下地幔。上地幔中有一个软流圈，那里的岩石呈熔融状态，火山喷发出来的岩浆就来源于此。地核可分为外核和内核，外地核呈液态，内地核呈固态。

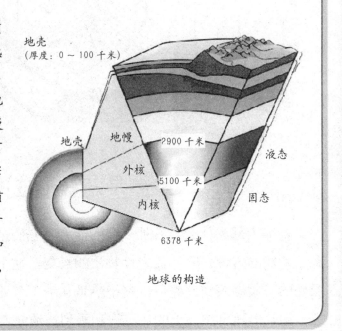

地壳
（厚度：0～100千米）

地壳
地幔
外核
内核
2900千米
5100千米
6378千米
液态
固态

地球的构造

内的能量需求。

可以利用的地热，大致可分为浅层地热和深层地热。浅层地热多为中低温的热水或过热水（超过100℃的水）。深层地热多为干热岩。距地表2～6千米处的干热岩的温度在150℃～650℃之间。

地热水资源的利用

地热水的利用古已有之。古人很早就懂得利用温泉取暖和洗澡。有些地方的温泉能自动流出地表，有些地方则需打井开采。如今，人们除了建造温泉浴场，还利用温度适宜的地热水灌溉农田，使农作物早熟增产。地热水还能养鱼，加速鱼的生长，提高鱼的出产率。地热水还能给沼气池加温，提高沼气的产量。

地热水在医疗领域也有诱人的应用前景。由于它们来自较深的地下，常含有一些特殊的化学元素，具有一定的医疗效果。如饮用含碳酸的矿泉水，可调节胃酸，平衡人体酸碱度；饮用含铁的矿泉水，可治疗缺铁性贫血症；用含硫的温泉水洗浴，可治疗神经衰弱、关节炎、皮肤病等。由于温泉的医疗作用及伴随温泉出现的特殊的地质、地貌条件，使得有温泉的地方常常成为旅游胜地。

地热发电

地热资源还有一个非常重要的用途——发电。目前地热发电的方法主要有 4 种：地热蒸汽发电、地热双循环发电、全流发电和干热岩发电。

地热蒸汽发电是技术最成熟的地热发电方式。世界上 3/4 的地热电

知识链接

地热第一村

北京丰台区南宫村被称作地热第一村。那里有一口地热井，深2980 米，日出水量 2700 吨，出水温度 70℃。村民们对这口地热井采取"一次开发，梯次利用"的做法：刚出井的高温水用于取暖；取暖后的中温水经净化用于洗浴、康体健身；温水再净化后用于特种水产养殖和垂钓；最后冷水用于种植区的灌溉。

南宫温泉

站利用地热蒸汽来发电。从地热井中直接获得的水蒸气并不多，往往是既有水又有蒸汽。因此首先必须将地热水减压气化成蒸汽，再由蒸汽推动汽轮机，带动发电机发电。

当地热井的温度偏低时，常常采取双循环系统发电。一套为地热水循环系统，另一套是工作介质循环系统。常用的工作介质都是沸点很低的碳氢化合物。例如，异丁烷在常压下的沸点只有 -11.7℃，丙烷在常压下的沸点只有 -42.17℃。当系统工作时，用抽上来的地下热水加热工作介质，使它气化，去推动汽轮机。

全流发电系统是把地热井出口的全部流体，无论是蒸汽、热水还是其他化学物质，通通不经处理地送进全流动力机械中膨胀做功发电，而后排放或收集到凝汽器中。这样可以充分利用地热流体的全部能量。不过，这种系统目前还未推广，正处于研制阶段。

干热岩是地层深处温度较高的岩层。那里含水量少，许多地方甚至无水。要利用蕴藏在其中的地热能，首先要钻两口深井，通过其中一口深井灌水，再用高压把水挤压进入岩石的裂缝，水在地下被加温变成热水和蒸汽后，再通过另一口井抽回地面推动汽轮机发电。

从理论上来说，在地球上任何一点向下钻孔，到一定的深度总会遇到热泉或热岩。但在实际开发和应用方面却会遇到不少困难和问题。钻孔的技术要求很高，代价也非常高，盲目钻探很可能得不偿失。引出地热必须根据一定的地质资料和周密的规划，慎重进行。地热开采中，还可能带来一些重金属和有害元素以及硫化氢和二氧化碳的排放。如果地下水抽取过多，不能合理回灌，也可能造成地面沉降。但地热能确实是一种值得重视的、清洁的可再生能源，随着科技水平的提高，地热能的利用将会占有越来越重要的地位。

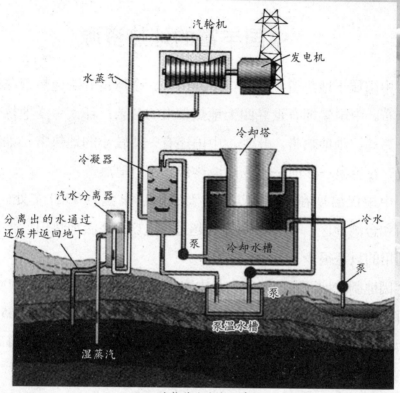

汽轮机

发电机

水蒸气

冷却塔

冷凝器

汽水分离器

分离出的水通过
还原井返回地下

泵

冷却水槽

冷水

泵

泵

泵温水槽

湿蒸汽

地热蒸汽发电示意图

知识链接

羊八井

在中国的西藏羊八井，温泉、热泉、沸泉、喷汽孔、热池星罗棋布，地热田面积多达 17.1 平方千米。那里随处可见高温水伴随着蒸汽喷涌而出。由于特殊的地质条件，羊八井不用钻深井就可获得高温地热水和蒸汽。1977 年 10 月，羊八井第 1 台 1000 千瓦试验机组发电成功。目前羊八井地热电厂装机总容量达到 24 兆瓦，成为拉萨地区电力供应的重要来源，对西藏经济的发展起到了积极作用。

羊八井地热电站

中国丰富的地热资源

中国属于地热资源十分丰富的国家。全球良好的地热资源往往成带状分布。中国就拥有世界四大地热带中的两条：环太平洋地热带和地中海—喜马拉雅地热带。此外，中国还有一些较小的地热带，如在北京地区就存在温泉—沙河—小汤山地热带等4个地热带。

中国仅温度在100℃以下的天然地热泉就有3500多处。在西藏、云南和台湾地区，还有很多温度超过150℃的高温地热田。但目前已开发利用的只是很少一部分。

因地制宜地开发地热能，是中国今后能源战略的重点。2006–2010年中国地热能的开发计划为：地热发电新增25～50兆瓦，累积65～100兆瓦；地热采暖新增800万～1000万平方米，累积2200万～2500万平方米。

九、神奇而巨大的核能

核能的发现

从19 世纪末到 20 世纪初，由于物理学的发展，人类对物质结构的认识开始深入到原子甚至更微观的粒子水平。人类终于发现，原子是由原子核和围绕原子核运动的电子组成的，原子核是由带正电的质子和不带电的中子组成的。

质子们积聚在拥挤的原子核中，相互排斥。可为什么质子不仅没有飞散，相反还和不带电的中子紧密地结合在一起？这是因为核力的存在。核力是一种非常强的作用力，正是它使核子 (质子和中子) 保持在原子核中。一旦核子发生变化，它们之间存在的核力也会发生变化，同时会释放出巨大的能量，这种能量就是核能。

要使核能释放出来的方法有两种：核裂变和核聚变。核裂变就是将

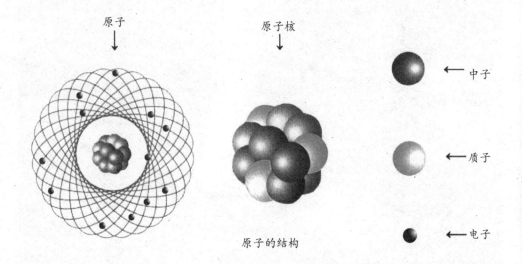

原子 → 　　　　原子核 →　　　　　　　　● ← 中子

　　　　　　　　　　　　　　　　　　　　● ← 质子

　　　　　　　　　　　　　　　　　　　　● ← 电子

原子的结构

较重的原子核打碎，使其分裂成两部分，同时释放出巨大的核裂变能。核聚变是把两个或者两个以上的轻原子核合成一个比较重的原子核的反应。核聚变放出的能量比核裂变放出的能量还要大。

　　原子能究竟有多大呢？爱因斯坦在著名的"狭义相对论"中提出了质能转换的理论与 $E = mc^2$ 的公式。他认为，质量可以转化成能量，能量可以转化成质量；任何具有质量的物体，都贮存着看不见的内能，而且这个由质量贮存起来的能量大到令人难以想象的程度。具体来说，某个物体贮存的能量等于该物体的质量乘以光速的平方。写成公式就是：E（能量）$= m$（质量）c^2（光速^2）。光速是多少呢？大约是 30 万千米/秒。

　　打个比方，假设有办法把一个质量仅为 1 克的小砝码全部转化成能量，那么它的总能量相当于 2500 万度电能。爱因斯坦曾经对物体由质量贮存起来的能量作过形象生动的比喻："只要没有向外放出能量，能量就观察不到。这好比一个非常有钱的人，如果他从来不花费一分钱，那么就没有谁能说出他有多少财产。"由此可见，地球上蕴藏的核能是极其巨大的。如果人类能够驾驭这种神奇的能量，能源就永远不会匮乏。

链式反应

　　1939年，德国科学家哈恩发现，铀的同位素铀-235的原子核在中子的轰击下，可以发生核裂变，放出2～3个中子，并同时放出能量。如果新产生的中子能够轰击其他的铀-235原子核并导致新的核裂变，裂变反应就可以不断持续下去。人们将这个过程形象地称作链式反应。在不断的链式反应下，核能被源源不断地释放出来。

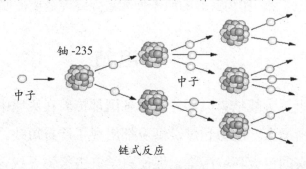

链式反应

67

核武器

　　核能首先被利用在军事上。在第二次世界大战中，美国历时5年，动用50万人、15万名科学家和工程师，耗资20亿美元，赶在纳粹德国之前进行原子弹的研制。1942年，美国造出了第一个试验性核反应堆。1945年7月16日，第一颗原子弹试验成功。8月6日和9日，美国政府将两颗原子弹先后投在了日本的广岛和长崎，迫使日本帝国主义投降。由于原子弹的巨大破坏

原子弹爆炸

氢弹爆炸

力，它成了冷战时期重要的战略武器。前苏联、英国、法国、中国和印度相继爆炸了自己的原子弹或核装置。

原子弹是利用核裂变的链式反应放出的巨大能量制成的核武器。原子弹的进一步发展就是氢弹。氢弹利用的是某些轻核聚变反应放出的巨大能量。氢弹的爆炸威力更大，一般要比原子弹大几百倍到上千倍。

中国继 1964 年 10 月 16 日爆炸第一颗原子弹之后，1967 年 6 月 17 日又成功地进行了首次氢弹试验，打破了超级大国的核垄断，为人类和平作出了贡献。应该说，作为武器的原子弹和氢弹终究是要被摒弃的。

核电站

第二次世界大战结束以后，世界各国都忙着在废墟中重建，石油资源消耗量逐渐增大，电力和煤炭供应都出现了严重短缺。再加上燃烧石油和煤炭带来的巨大环境污染，促使科学家去努力寻找一种新型的、威力强大又清洁的能源。1954 年，苏联建成了世界上第一座核电站，功率为 5000 千瓦。从此，核能正式走到人类能源舞台的中心。

知识链接

第一座核反应堆

要制造原子弹，必须先建造核反应堆。因为设计原子弹所需要的许多重要数据，必须要在反应堆试验里取得。1942 年，天才物理学家费米和他领导的小组经过不懈努力，成功地建立了世界上第一座核反应堆。这是人类文明史上第一次可以随心所欲地让物质释放能量。今天，如果你到芝加哥大学，还会在实验室的外墙上看到这样的碑文：1942 年 12 月 2 日，人类在这里首次完成自持链式反应试验，并由此开始了可控的核能释放。

法国核电站

经过半个多世纪的发展，全世界现已建成约450座核电站，核发电量约占总发电量的17%。法国是世界上核发电比例最高的国家，2004年的核发电量占当年总发电量的78%。

1991年12月15日，中国自行设计、建造的秦山核电站成功并网发电，结束了中国大陆没有核电的历史。近年来，中国的核电建设速度很快。截至2006年底，中国大陆有10台核电机组在运行，装机容量达788万千瓦，年平均发电量达530.82亿千瓦时，已占全国总发电量的2.2%。但这还远低于世界平均水平。根据国家发改委发布的《国家核电发展专题规划（2005—2020年）》，到2020年，中国将争取把核电运行装机容量提高到4000万千瓦，使核电占全部电力装机容量的比重提高到4%。

核电站一般分为两个相对独立的区域，核岛和常规岛。前者是核电站安全壳内的核反应堆及与反应堆有关的各个系统的统称，后者是核电厂的汽轮发电机组及其配套设施和有关建筑物的统称。两者由热传导介质连结起来。

核电站用的燃料大部分是由经过浓缩的铀-235制成。反应堆是核电站的关键设备，链式裂变反应就在其中进行。反应堆种类很多，核电站中使用最多的是压水堆。核电站借助于核反应堆进行自持链式裂变反应，产生巨大的热量。这些能量使蒸汽发生器产生高温蒸汽，从而推动汽轮发电机发电。

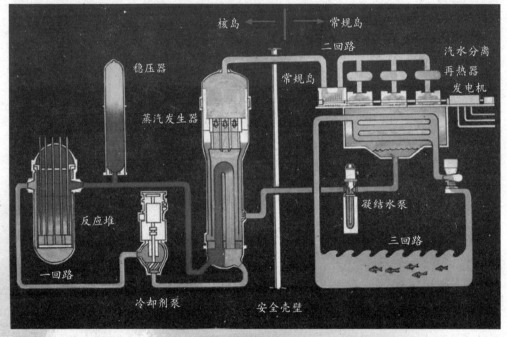

压水堆核电站

核电站安全吗

1986年4月26日凌晨，位于苏联基辅以北130千米的切尔诺贝利核电站发生事故。反应堆猛烈爆炸，引起的熊熊大火迅速吞噬了反应堆堆芯，并且导致厂房倒塌。在爆炸中，30人当场死亡，8吨多强辐射物质泄漏，周围6万平方千米的土地受到直接污染，320万人受到核辐射

秦山核电站

核反应堆

核反应堆是核电站的核心部分。它是由活性区（自持链式核裂变反应在此进行）、反射层（将中子反射回来，防止中子外逸）、压力容器（由壁厚20厘米的钢材制成，防止放射性物质进入反应堆厂房）和屏蔽层（由壁厚1米的钢筋混凝土制成，防止放射性物质进入环境）组成。

活性区又由裂变燃料（铀棒）、慢化剂（将从铀-235原子核放出的快中子慢化，变成热中子）、载热剂（将裂变反应产生的热量传递出去）和控制棒（由强烈吸收中子的镉、硼材料制成，控制核反应速度或输出功率）组成。

根据选用的慢化剂和载热剂的不同，核反应堆可以分成轻水堆、重水堆、石墨水冷堆（用石墨作慢化剂，用水作载热剂）和石墨气冷堆（用石墨作慢化剂，用气体作载热剂）等。其中，轻水堆又分成压水堆和沸水堆。压水堆是最具有竞争力的堆型，世界上61.3%的核电反应堆是采用这种堆型；沸水堆次之，约占24.6%；重水堆较少，仅占4.5%。

侵害，酿成了巨大的灾难。

尽管事故发生后，苏联政府立即动用飞机向现场投放了 5000 吨材料，把整个反应堆掩盖隔离起来，但还是有超过 27 万的人因受到辐射患病，其中 9300 人因此死亡。还有数不清的儿童，由于父母受到辐射，从诞生之日起就换上了癌症、畸形等各种疾病。

这一重大事故，使人们对核能的安全产生了怀疑，世界各国都出现了反对建立核电站、反对使用核能的组织。事后，专家对事故原因进行了调查，认为事故的诱因是操作人员的违规操作，但根本原因还是该核反应堆的设计存在重大问题——缺少必要的安全屏障。

事实上，核能是安全的。核电站日常放射性废气和废液的排放量很小，且处于严密的监控下，周围居民由此受到的辐射剂量仅为 0.01 毫希 / 年，远远低于宇宙射线 0.45 毫希 / 年的辐射，以及水、粮食、蔬菜、空气 0.25 毫希 / 年的辐射。

理想的核能利用——可控核聚变

人们很久以前就有这样的疑惑：太阳源源不断地向外释放能量，好像永远不会枯竭，这究竟是为什么呢？经过科学家长期的研究和探索，谜底终于被揭开。原来，太阳那巨大的能量，是由核聚变反应产生的。

核聚变反应能够释放出巨大的能量。太阳内部每时每刻都正在进行着核聚变反应，大量的氢聚变为氦，同时放出巨大的能

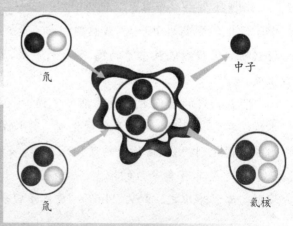

氘氚聚变反应

量。人类发明的有史以来威力最大的炸弹——氢弹，就是利用了氢的同位素产生核聚变反应，发出巨大的能量。由于氢弹爆炸的反应速度无法控制，所以不能作为能源利用，也不能用来发电。不过，自认识到核聚变的威力开始，人们就试图控制核聚变反应，希望能直接广泛地应用核聚变。

原子核都带正电荷，愈是接近，互相的斥力愈大，难以聚合。只有当外力使它们之间互相接近的距离达到大约万亿分之三毫米时，核力才会发挥作用，把它们拉到一起，从而放出能量。太阳之所以能够不断发生聚变，是由于它巨大的质量，从而存在巨大的引力，产生高温高压。用核聚变原理制造出来的氢弹，是依靠安装在里面的一颗小型原子弹爆炸产生的高温高压，引发瞬间的聚变反应。但瞬间释放的巨大能量是无法用来发电的，因为电厂不需要一次惊人的爆炸力，而需要缓缓释放的核能。

可控核聚变首先遇到的问题是上亿度高温的产生，地球上只有原子弹爆炸时才能达到这个温度。而且，这么高的温度也没有任何容器可以承受。目前，科学家设想的方法是采用磁约束法（或惯性约束法）使燃

73

知识链接

氢的同位素

氢的同位素共有三种：氕、氘和氚。氕就是普通的氢，核内只有一个质子。氘的核内有一个质子和一个中子，又称为重氢。氚的核内有一个质子和两个中子，又称为超重氢。一个氧原子和两个氢原子结合，是普通的水；一个氧原子和两个氘原子结合，成为重水；一个氧原子和一个氚原子结合成为超重水。在氢的同位素中，氘和氚之间的聚变最容易，所以人们一般将氘和氚称为核聚变燃料。

料处于等离子体态。在高温的等离子中，电子获得了足够的能量摆脱原子核的束缚。这样，原子核就完全裸露出来，为即将到来的核子碰撞做好了准备。当等离子体的温度达到上亿度时，原子核就可以克服斥力聚合在一起。如果同时还有足够的密度和足够长的热能约束时间，核聚变反应就能稳定地持续进行。

1954年，苏联建成了第一个叫做托卡马克的装置，用封闭的磁场来约束等

中国的EAST超导托卡马克实验装置

74

知识链接

等离子体

等离子体是固态、液态、气态之外的物质第四态。当电子从原子核上剥落下来，成为自由运动的电子时，物质就成为由带正电的原子核和带负电的电子组成的一团匀浆，人们戏称它为"离子浆"。这些离子浆中正负电荷总量相等，因此又叫等离子体。

在自然界中，除闪电、极光和在高空中有一个电离层外，基本上不存在等离子体。只有在人为的日光灯、电弧、碘钨灯、等离子电视显示屏和某些火箭的推进动力等处才可见等离子体。然而在地球之外，等离子体是几乎所有可见物质的存在形式，大气外侧的电离层、太阳风、太阳日冕、太阳内部、星际空间、星云和星团，毫无例外都是等离子体。

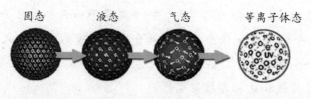

| 固态 | 液态 | 气态 | 等离子体态 |

物质四态

离子体。几十年来，各先进国家都先后建立了相类似的实验装置，并取得了一定的进展。欧洲的"联合环 JET"于 1983 年开始运行，至今仍是欧洲核聚变研究的旗帜，使欧洲得以维持世界领先位置。1997 年，该装置上产生了 16 兆瓦的聚变能，创造了一个世界纪录。中国先后建立了两个实验装置：EAST 超导托卡马克和中国环流器二号 A。这两个装置进行的实验项目各有侧重，它们所取得的"人造小太阳"的成就处于世界比较先进的行列。

进一步的可控核聚变实验需要大量的人力物力，最好通过国际合作来进行。加拿大、日本、俄罗斯、美国、中国、韩国等国与欧洲合作的国际热核聚变实验堆（ITER），正在法国建设。它的设计核聚变能为 400 兆瓦，将为核聚变电站的可行性论证作出重要贡献。

目前的核裂变电站提供的能量可以在一段时间里取代相当数量的化石能源，但也存在两大问题：一是地球上可以用作裂变燃料的放射性元素储量有限。据估算，地球上可作为核电站燃料的铀只够用几十年到上百年。虽然技术进展有可能使核燃料在一定程度上循环使用，但还不能完全解决储量有限的问题。二是核电站虽不排放有害气体，但它的废料有很强的放射性，可能造成环境危害。把它们深埋到地下也要付出不小的代价，况且这也不能算是万全之策。

而可控核聚变电站则不存在上述问题。虽然它也有轻微的放射性，但没有像核裂变反应堆那样的有害核废料，所以安全得多。而且，目前用于可控核聚变试验的燃料主要是氘。氘主要存在于水中，每升海水中有 0.03 克氘，全球海水中总共约含 45 万亿吨的氘。这些氘的聚变能量，足以保证人类上百亿年的能源消费。有科学家说：满满一浴缸的水，就能提取出足够的氘，它们发生核聚变后可以产生足够一个人终身使用的能源。

科学家还不满足于氘氚反应，又把目光投向了氦-3。这是一种氦的同位素，其核内有两个质子，一个中子。氦-3聚变的最大优点是不产生中子，没有放射性。虽然地球上只有极少量的氦-3，但月球上却储量丰富。据估计，月壤中氦-3储量至少有100万吨。一旦开采成功，可满足全球几千年的电力需求。这是推动世界各大国近年来竞相探月的因素之一。

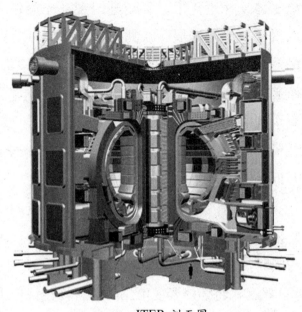

ITER 剖面图

十、洁净高效的氢能

氢和氢能

氢能燃烧值高且无污染，在众多绿色能源中，被人们看成是最理想的能源。

只要存在充足的氧，氢就可以很快地完全燃烧。1克氢气燃烧后能释放出142千焦的热量，比相同质量的汽油高3倍，比焦炭高4.5倍。氢的重量特别轻，比汽油、天然气都轻得多，携带和运输非常方便，是航天航空领域最合适的燃料。氢气火焰的温度高达2500℃，可用于切割和焊接钢材。

一般化石燃料燃烧后会产生二氧化碳、一氧化碳、二氧化硫、碳氢化合物等有害物质，严重破坏环境。而氢燃烧后的产物只有水，对环境不会造成任何污染，是世界上最清洁的燃料。

氢的特点

储能高

储量多

清洁

循环使用

利用形式多

燃烧性能好

氢

　　氢是化学元素周期表中排行第一的元素。在通常情况下，氢是由双原子分子组成的无色、无味的气体。氢气的密度很小，还不到空气的1/10，是世界上最轻的气体。氢气在常温下不活泼，但如果和氧气混合，遇到火种即发生剧烈反应而爆炸。

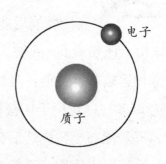

电子

质子

氢原子

在大自然中，氢的分布很广泛，几乎无所不在。氢主要以化合态的形式存在。水就是氢的天然"仓库"，每9千克水中就含有1千克氢。石油、煤炭、天然气、动植物体内等也都含有氢。如果能找到经济的方式提取氢，那么氢无疑将成为化石燃料最理想的替代物。

利用氢能上天

人们对氢的关注最初是因为它比空气轻得多的特点。1783年，一位名叫查理的法国物理学家乘坐自己研制的氢气球飞上了蓝天。1928年，德国齐柏林公司利用氢的巨大浮力，制造了第一艘"齐柏林号"飞艇。它往返于大西洋，把人们从德国运送到美洲。在大约10年的运行中，它共航行了16万多千米，搭载了1.3万名乘客。后来，氢气飞艇由于容易发生爆炸事故，改用氦气填充。

再后来，人们发现氢能还是一种高效能源。20世纪50年代，美国利用液氢作超音速和亚音速飞机的燃料，改装了B57双引擎轰炸机，实现了氢能飞机上天。1957年，苏联航天员加加林进入太空，1963年美国的宇宙飞船上天，1968年"阿波罗号"飞船实现了人类首次登上月球的创举，以及中国频繁升空的"长征3号"火箭等，都是靠液氢提供动力的。氢能，成了人类飞天不可缺少的能源。

氢燃料电池

氢燃料电池能将燃料中贮存的化学能通过电极反应直接转换成电能，是继火电、水电、核电之后的第4代发电方式。它具有发电效率高、无污染、无噪声等优点。由于不需要进行燃烧，所以氢燃料电池的能量转换效率高达 60% ～ 80%，实际使用效率是普通内燃机的 2 ～ 3 倍。而且它的装置可大可小，非常灵活。什么地方要用，就可以安装在什么地方，能将远途运输损耗的电力节省下来。

氢燃料电池的原理并不复杂，可以看做是电解水的逆反应。它由正极、负极和夹在正负极中间的电解质板所组成。工作时向负极供给氢，向正极供给空气。氢在负极分解成带正电的氢离子并释放出电子。氢离子进入电解液中，而电子则沿外部电路移向正极。用电的负载就接在外部电路中。在正极上，空气中的氧同电解液中的氢离子及电子生成水。

最早，氢燃料电池装置很小，造价很高，主要为宇航提供电源。现在，许多领域都在开发使用氢燃料电池。使用燃料电池的氢动力车在各大车展上频频出现。例如，美国通用汽车公司已经研制出"氢动力概念车"。它一次加氢可连续行驶 480 千米，从起步到时速 100 千米的加速只需 10 秒。据美国汽车业界的预计，到了 2020 年，这种新式汽车将在高速公路上大行其道。

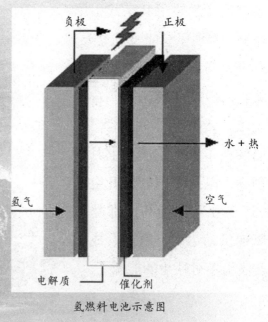

氢燃料电池示意图

在北京奥运会上，20辆中国自主研制的第四代氢燃料电池轿车将穿梭在奥运场馆内，服务奥运。它们一次加氢可行驶300多千米，时速可达150千米/时。

制氢和贮氢

虽然氢能具有许多优越性，但由于它的制取和储存还存在许多困难，因此至今还不能广泛利用。

制氢的方法很多，用水电解制氢是最早应用的方法。但电解水耗电，如果用这方法制氢，再用氢燃料电池发电，最终产生的能源比消耗的能源还要少。正是因为如此，许多国家都对大规模电解水制氢进行了限制。目前，工业制氢方法主要是以天然气、石油和煤为原料，在高温下使之

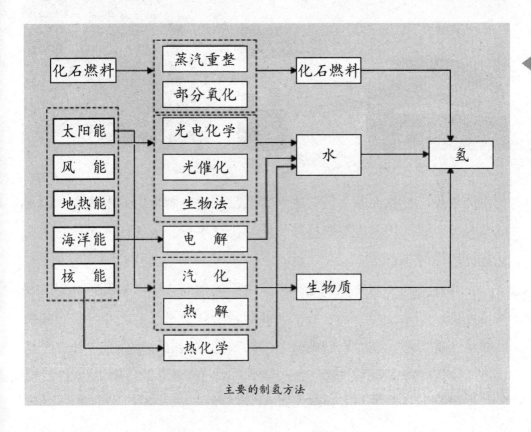

主要的制氢方法

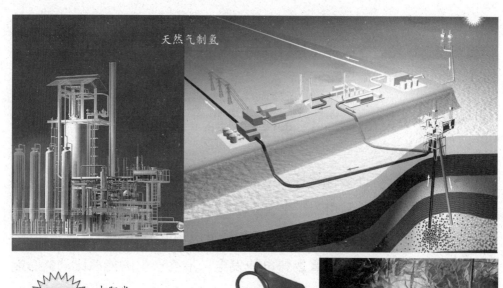

天然气制氢

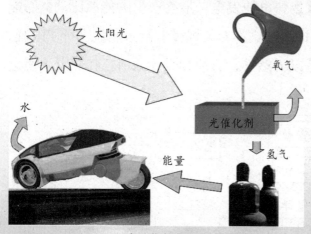

太阳光

氧气

光催化剂

水

能量

氢气

太阳能制氢

绿藻制氢

与水蒸气反应，从而制得氢。这种方法虽然比电解水的成本低廉，但是以本来就紧张的化石能源来换取氢能，仍然不是长久之计，而且它还会对环境造成污染。

太阳能制氢和生物制氢是未来氢生产的发展方向。如果能找到高效的催化剂，那么让阳光来分解水，就能轻松获得氢气。此外，我们如果能筛选出理想的、高效能的菌藻类生物，让它们进行光合作用释放出氢气，制氢的前景将更为广阔。也许在不久的将来，人类将把"石油经济"时代抛于脑后，走进"氢经济"时代。

超越－荣威，中国第四代燃料电池汽车

开发氢能的另一大难题是氢气的储存。储氢的最简单方法是使用压力容器，即能耐高压的钢瓶。但是要么钢瓶本身的重量太大，要么不是很安全。现在科学家发现用碳纳米管储氢是个好方法，不仅储氢能力大，吸附速率快，而且解吸速率也快，使用方便。

一旦制氢和储氢的问题得到有效解决，氢能的前途将变得无比光明。

结 束 语

读完了以上的内容，大家可能是喜忧参半。忧的是历来是能源主力的化石能源行将枯竭，因使用化石能源造成的污染也越来越严重，人类的生存受到前所未有的威胁。喜的是各种绿色和可再生能源崭露头角。

其实，目前还没有哪一种新能源能全面替代化石能源，各种新能源都还有一定的局限性。我们现在首先要做的是必须高度重视节能减排，节约使用能源，清洁使用能源。这是当务之急。对此，人人有责。其次，要积极开发新能源。每种新能源的开发使用都有条件，在缺少风力的地区不能寄希望于风能；在高纬度地区，对太阳能也不能倚仗。应该因地制宜，趋利避害，多管齐下。为满足社会发展对能源的要求，中国将更多发展核能、风能和太阳能发电。氢能和海洋能的利用还有一定的过程，而生物质能和地热能等目前只能作为补充，不会成为主流能源。各种新能源中，最诱人的是可控核聚变，但研究试验尚需若干年。再者，一切问题的进展和解决，除社会因素外，关键是科技进步。希望青少年朋友们能够关注能源问题，并从我做起，从身边做起，节能减排；希望有更多的青年人能够有志于能源科学，为中国和世界的能源发展贡献力量。

测 试 题

一、选择题

1. 人类与动物的最终分野,在于____。

   A. 直立行走   B. 能使用工具

   C. 学会了用火   D. 发展了农牧业

2. 人类最早通过高温烧制的器物是____。

   A. 木器   B. 青铜器   C. 铁器   D. 陶器

3. 中国古代,较大规模使用天然气作燃料,是为了____。

   A. 烧煮食物   B. 熬煮井盐   C. 烧制陶器   D. 炼铁

4. 20 世纪七八十年代以来,世界海平面每年约上升____毫米。

   A. 9.0   B. 0.1~0.3   C. 1.5~4   D. 7.2

5. 中国煤炭探明储量按人均计算相当世界平均水平的____。

   A. 64%   B. 125%   C. 30%   D. 72%

6. 中国关于标准煤的热值规定为____。

   A. 6590千卡/千克   B. 7000千卡/千克

   C. 8500千卡/千克   D. 8200千卡/千克

7. 上海的分时电度表规定夜间用电时间为____。

   A. 晚22时~次日6时   B. 晚23时~次日5时

   C. 晚21时~次日6时   D. 从天黑到天亮

8. 少烧一吨标准煤,就可减少排放二氧化碳____。

   A. 2.6吨   B. 3.2吨   C. 1.9吨   D. 0.9吨

9. 到达地球陆地和海洋表面的太阳能的总功率有____。

   A. 7×10^{13}千瓦   B. 1.3×10^{13}千瓦

C. 8×10^{14} 千瓦　D. 8×10^{13} 千瓦

10. 目前，光伏电池的光电转换效率一般不到___。

　　A. 20%　B. 32%　C. 17%　D. 45%

11. 太阳能空间发电站的设想是要把大面积的薄层太阳电池发送到___的高空中。

　　A. 200千米　B. 1500千米　C. 35 800千米　D. 50 000千米

12. 太阳能空间发电站将太阳能转化成电能，通过___送回到地面。

　　A. 电缆　B. 光波　C. 微波　D. 电磁波

13. 筑坝蓄水发电，在某一时间的发电能力，决定于___。

　　A. 蓄水的面积　　　　B. 水库的总容量

　　C. 大坝前后的水位差　　D. 海拔高度

14. 三峡水电站全部建成后的总装机容量将达___。

　　A. 700兆瓦　B. 1820万千瓦　C. 2240万千瓦　D. 2240兆瓦

15. 海水的平均含盐量大约是___。

　　A. 3.5%　B. 2.5%　C. 22‰　D. 3.5‰

16. 中国的风能资源是___。

　　A. 相对贫乏的　B. 处于中等水平的

　　C. 比较丰富的　D. 世界第一

17. 宇宙间含量最多的元素是___。

　　A. 碳　B. 氧　C. 氢　D. 氮

18. 沼气的主要成分是___。

　　A. 一氧化碳　B. 乙烯　C. 甲烷　D. 氢气

19. 世界上第一座核电站，是由___建成的。

　　A. 法国　B. 苏联　C. 美国　D. 德国

20. 目前世界上核发电比例最高的国家是___。

　　A. 法国　B. 美国　C. 俄罗斯　D. 日本

21. 中国万元GDP的能耗高于世界平均水平，除科技尚不够发达和对节能尚不够重视外，还有一个重要因素，那就是___。

　　A. 能源依赖进口　　　　　　　B. 主要使用煤炭

C. 国民经济中第三产业的比重较低　　D. 气候条件

22. 太阳之所以具有那么大的能量，是因为它是＿＿＿。

　　A. 燃烧着大量氢气　　　　　　B. 一颗大的原子弹

　　C. 一个巨大的核聚变反应堆　　D. 拥有大量的天然气

23. 在江河上建大的水力发电站，除必须考虑地质条件等因素外，还要着重注意＿＿＿。

　　A. 对生态的影响　B. 交通方便　C. 风向　D. 日照时间

24. 对地球上海洋潮汐影响最大的是＿＿＿。

　　A. 太阳的引力　B. 月球的引力　C. 地球的自转　D. 地球的公转

25. 目前世界上水力发电占全国发电量比重最大的国家是＿＿＿。

　　A. 美国　B. 日本　C. 中国　D. 挪威

26. 风场离地（海）面数十米高处的风速在大部分时间内大于每秒＿＿＿米时即可以用来发电。

　　A. 3.5　B. 6.8　C. 9　D. 2.0

27. 各种海洋能源中目前最具开发利用价值的是＿＿＿。

　　A. 潮汐能　B. 温差能　C. 盐差能　D. 洋流能

28. 淡水与海水交汇处由于渗透压产生的能量相当于＿＿＿米水位落差的压力。

　　A. 24.5　B. 112　C. 67　D. 240

29. 上海东海大桥附近正在建设的风力发电场，总装机容量是＿＿＿万千瓦。

　　A. 20　B. 30　C. 10　D. 25

30. 人类最早利用的能源是＿＿＿。

　　A. 风能　B. 水能　C. 生物质能　D. 地热能

31. 地热能除在具备一定条件的地方用来发电外，通常主要的用途是＿＿＿。

　　A. 照明　B. 烧水煮饭　C. 调节建筑物内的温度　D. 机械动力

32. 中国具有一定规模的地热能发电站是在＿＿＿。

　　A. 上海老港　B. 西藏羊八井　C. 山东泰安　D. 北京丰台

33. 中国每年在田间地头直接烧掉的作物秸秆超过 1.5 亿吨，约合＿＿＿万吨标准煤。

　　A. 7000　B. 670　C. 523　D. 9200

34. 沼气生产通常利用生物质废弃物和畜禽粪尿作为原料，____在其中起了关键作用。

    A. 太阳能加热 B. 蚯蚓繁殖 C. 厌氧细菌发酵 D. 氢气

35. 为了减少日益增长的二氧化碳在大气中的比例，可以采取____的方法。

    A. 排到外太空   B. 把它作为工业原料

    C. 压缩并深埋到地下   D. 再还原为碳

36. 原子弹爆炸是____。

    A. 放射性重元素裂变链式反应 B. 氘和氚的聚变

    C. 高效TNT爆炸   D. 等离子体爆炸

37. 氢燃料电池所用的燃料是____。

    A. 过氧化氢 B. 纯粹的氢 C. 重氢 D. 氯化氢

38. 氢能是清洁能源，它的反应产物是____。

    A. 氧气 B. 过氧化氢 C. 水 D. 氮气

39. 氘以重水的形式存在于海水中，氘的含量占氢的____%。

    A. 0.5 B. 0.02 C. 0.17 D. 0.015

40. 世界能源的根本解决，我们寄希望于____。

    A. 大批建造核电站 B. 高度利用太阳能

    C. 可控核聚变试验 D. 充分利用地热能

二、是非题

1. 化石能源中蓄积的是古代的太阳能。

2. 地热能也是由太阳能转化而来的。

3. 中国缺乏淡水资源，所以无法建造大的水电站。

4. 生物质能也是由太阳能转化而来的。

5. 天然气虽然是不可再生的化石能源，但它是清洁能源。

6. 利用粮食和糖类生产乙醇，替代汽、柴油作为车用燃料还是可取的。

7. 氢燃料电池中，氢通过高温燃烧发出能量。

8. 氮气不属于温室气体。

9. 中国目前尚未开展可控核聚变的试验。

10. 各种绿色能源的利用，必须因地制宜，从当地的实际条件出发。

图书在版编目 (CIP) 数据

绿色能源 / 张辉编写 . —上海：少年儿童出版社，2011.10
（探索未知丛书）
ISBN 978-7-5324-8925-1

Ⅰ.①绿... Ⅱ.①张... Ⅲ.①无污梁能源—少年读物
Ⅳ.① X382-49
中国版本图书馆 CIP 数据核字（2011）第 219234 号

探索未知丛书

绿色能源

张 辉 编写

陈肖爱 蔡康非 图

卜允台 卜维佳 装帧

责任编辑 王 音 熊喆萍 美术编辑 张慈慧
责任校对 黄亚承 技术编辑 陆 赟

出版 上海世纪出版股份有限公司少年儿童出版社
地址 200052 上海延安西路 1538 号
发行 上海世纪出版股份有限公司发行中心
地址 200001 上海福建中路 193 号
易文网 www.ewen.cc 少儿网 www.jcph.com
电子邮件 postmaster@jcph.com

印刷 北京一鑫印务有限责任公司
开本 720×980 1/16 印张 6 字数 75 千字
2019 年 4 月第 1 版第 3 次印刷
ISBN 978-7-5324-8925-1/N·947
定价 26.00 元